手戻りを撲滅する！

超・実践的 3次元CAD 活用ノウハウ

西川 誠一［著］
Nishikawa Seiichi

日刊工業新聞社

はじめに

　本書は手戻りのない設計プロセスを踏まえたうえで、3DCADを設計検証ツールとして有効活用するためのポイントについて述べたものである。

　構造や機構設計に関わる設計者（新入社員からベテラン、管理職まで）だけでなく、設計やものづくりに関わる企画・教育担当者にも役立つ内容とした。読み進めるにあたり、機械工学に関する一般的な知識は必要だが、深い知識は不要である。より詳細な理解のために、3DCADの基本的な知識はあったほうが望ましい。しかし、この分野に今後関わる予定などがあれば、新入社員でも理解できる内容としたつもりである。

　「**3DCADを導入してはみたけれど…**」と感じている読者が、手戻りのない設計の流れと3DCADの活用方法を理解し、現状での不十分な点に気付いて頂ければ幸いである。

　筆者が3DCADを使い始めたのは1995年、当時勤務していた会社で、設計の効率化に関するプロジェクトに関わったのがきっかけだ。活動の中で3DCADの導入も検討され、フィーチャベースでパラメトリック機能を持つソリッド系のPro/ENGINEER（現：Creo Parametric）を選定した。単純な形状要素（フィーチャ）の組み合わせで複雑な形状を構築していく方法や、寸法パラメータを修正して形状を変更する方法は、当時では新しい概念であった。形を作るだけであれば、他の3DCADという選択肢もあったが、このような概念は試行錯誤を繰り返す設計者の感覚と馴染みやすく、設計作業の中で活用できそうなツールであるからだ。

　現在では、CATIA、Creo（Pro/E）、Inventor、NX、Solid Edge、SOLIDWORKSなどのメジャーな3DCADを始めとして、低価格のFusion360、ZW3Dなどでもフィーチャベース・パラメトリック方式を採用している。

　3DCADが登場する以前は2DCAD、それ以前は手描きのドラフタや定規と鉛筆などが設計作業で使用するツールであった。ドラフタや定規と鉛筆では図形を描くことはできるが、図面に記載された寸法値がなければ、図形要素の距離・角度・面積などの正確な情報を得ることはできない。また、紙に鉛筆で描かれた図形の書き直しは消しゴムを使わざるを得ないし、図形の流用は紙の切り貼りとなり、非常に面倒な作業となる。

　その後普及した2DCADではコンピュータを利用した描画により、図形要素の距離・角度・面積などが正確に測定可能となる。データのコピー&ペーストも容易となり、図形データを流用した設計作業の効率化が推進された。

　3DCADが登場すると、空間内に立体形状（モデル）を造型（モデリング）できるようになる。**モデルは体積という情報を持っているため、2DCADの利点に加え、質量特性（質量・重**

はじめに

心・慣性モーメントなど）の検証や干渉チェックが可能となった。ライブラリや既存部品からのコピー＆ペーストも、リアルな立体形状での利用がさらに拡大することになる。

その結果「3D 設計」と称して、詳細形状までモデリングされた部品を、実際に製造する順番でアセンブリとして組み付けながら、機械や製品全体を構成していく方法が推奨された。現在でも、CAD ベンダーの教育は先に部品をモデリングした後で、それら部品同士を組み付けながら、アセンブリを構築するという手順に沿ったものが多い。

しかし、部品を詳細に設計してからアセンブリに組み付けてゆく方法では、全ての部品を組み付け終えなければ、設計検討図（設計を検討するためのアセンブリ図面）が完成しないことを意味している。そのため、設計検討図は詳細になったけれど、機械や製品全体の仕様に対する検証のタイミングが遅れる事態になりがちだ。**これでは、何らかの問題が発生した場合、手戻りに要する工数が増えてしまう事態に陥る。**

このような手法は本来の設計プロセスに逆行したものであり、それに気が付かないようであれば、いつまで経っても「3DCAD を導入してはみたけれど…」という状況からは抜け出せない。**さらに「まずはライブラリや共用部品を作成しよう」「作成した部品を実際に組み立てる順番でアセンブリを構築しよう」などの、的を外した方針やルールを決めてしまいがちである。**

設計プロセス教育や 3DCAD の活用に関するコンサルティングを実施する中で、多くの企業が「設計での活用方法がわからない」「モデリング操作が難しい」「作成した 3D データを流用できない」などの問題を耳にする。これらは 3DCAD が原因というよりも、前述のような設計の進め方に起因するところが大きいと感じる。

ドラフタや定規と鉛筆といった手描きツールで設計していた頃の設計検討図は、部品の形状を「○」や「□」に単純化したもので機械や製品の全体構造が表現されていた。**構想設計段階の検討には、その程度のおおまかな形状表現で十分であり、最初から詳細形状が描かれていたわけではない。**この状態で大きな手戻りの要因となる問題点を出し尽くした後、「バラシ」と呼ばれる部品の詳細設計に進んでいたはずである。

便利なツールを使用できなかったがゆえに、ツールに振り回されず、正しいプロセスに沿って設計できていたようだ。

本書では 3DCAD の活用について多くのスペースを割いているが、3DCAD や CAE などのツールはあくまでもツールでしかない。便利ではあるが、それらは目的ではなく、目的へ至る手段に過ぎないことを常に意識しておいてほしい。

2019 年 2 月　著者

目　次

はじめに　1

第1章　手戻りのない設計プロセス

1.1　設計にはプロセスがある……………………………………………………………8
　1.1.1　新規設計と流用設計……………………………………………………………8
　　　Step-1．仕様の明確化………………………………………………………8
　　　Step-2．機能の具現化（構想設計・基本設計・詳細設計）…………………9
　　　Step-3．設計検証……………………………………………………………9
　1.1.2　3DCAD活用自己診断シート……………………………………………10
　1.1.3　3DCAD活用べし・べからず集…………………………………………12
1.2　仕様の明確化（Step-1）…………………………………………………………14
　1.2.1　仕様の上下関係…………………………………………………………14
　1.2.2　コンセプトの設定………………………………………………………15
　1.2.3　要求仕様と設計仕様……………………………………………………16
　1.2.4　穴あけパンチの仕様……………………………………………………19
1.3　機能の具現化（Step-2）…………………………………………………………21
　1.3.1　構想設計の進め方………………………………………………………21
　1.3.2　設計機能を樹系図で見える化しておく…………………………………23
　1.3.3　効果的な樹系図を作るための3ヶ条……………………………………25
　　　1．設計で重要な機能から分類する………………………………………25
　　　2．ひとつの階層は4分木以内とする……………………………………26
　　　3．アセンブリと部品は混在させない……………………………………26
　　　（1）設計検討の対象を絞り込む……………………………………………26
　　　（2）設計の順番と製造の順番………………………………………………28
　　　（3）製造部品表（MBOM）は樹系図に流用できない………………………29
　　　（4）樹系図と仕様書でモジュール化設計を実現する………………………31
　1.3.4　ボールペンの樹系図を見てみよう……………………………………32
1.4　設計検証（Step-3）―モデリング即、設計検証………………………………34
　1.4.1　ケーススタディ　設計検証を考慮したモデリング……………………34
　1.4.2　設計検証を考慮したモデリング3ヶ条…………………………………37

目　次

　　　　1.　設計で重要な部分から作る …………………………………………… 37
　　　　2.　フィーチャを設計機能に対応させる ………………………………… 38
　　　　3.　設計基準を明確にする ………………………………………………… 38
　　1.4.3　定石コマンド ……………………………………………………………… 40
　　　　1.　材料を付加 ……………………………………………………………… 40
　　　　2.　材料を除去 ……………………………………………………………… 40
　　　　3.　薄板化 …………………………………………………………………… 40
　　1.4.4　解析のタイミング ………………………………………………………… 42

第 2 章　3DCAD を活用した設計検証

2.1　ファイルの準備 ………………………………………………………………… 46
　　2.1.1　共同作業の設定（Step-0）………………………………………………… 46
　　　　作業フォルダの作成と排他処理 …………………………………………… 47
　　2.1.2　空ファイルの作成（Step-1）……………………………………………… 47
　　2.1.3　空ファイルのアセンブリ（Step-2）……………………………………… 51
　　　　部品表のチェック …………………………………………………………… 51
2.2　レイアウトの検証 ……………………………………………………………… 53
　　2.2.1　1FT 目・ベースソリッドの作成（Step-3）……………………………… 53
　　2.2.2　アセンブリのレイアウト調整（Step-4）………………………………… 54
2.3　質量特性の検証（Step-5）……………………………………………………… 57
　　2.3.1　2FT 目・シェルの作成 …………………………………………………… 57
　　2.3.2　質量・重心のチェック …………………………………………………… 58
2.4　干渉チェックと CAE による解析（Step-6）…………………………………… 62
　　2.4.1　干渉チェック ……………………………………………………………… 62
　　2.4.2　CAE による解析 ………………………………………………………… 63

第 3 章　モデリングメソッド

3.1　モデリングの基本 ……………………………………………………………… 66
　　3.1.1　単純な 2D 断面スケッチを使用 ………………………………………… 66
　　3.1.2　板金部品 …………………………………………………………………… 71
　　3.1.3　成形品 ……………………………………………………………………… 77
3.2　意匠曲面形状 …………………………………………………………………… 81
　　3.2.1　モデリングの考え方 ……………………………………………………… 81

3.2.2　サーフェスとソリッド……………………………………………………… 82
　　3.2.3　手洗い金具のモデリング…………………………………………………… 83

第4章　ケーススタディ

　4.1　解答例と説明（穴あけパンチの仕様とボールペンの樹系図）………………… 88
　　4.1.1　穴あけパンチの仕様（第1章1.2.4項）……………………………………… 88
　　4.1.2　ボールペンの樹系図（第1章1.3.4項）……………………………………… 88
　4.2　2足歩行ロボット……………………………………………………………………… 91
　　4.2.1　思考ツリー……………………………………………………………………… 91
　　4.2.2　樹系図に記載する内容………………………………………………………… 91
　4.3　モデリング解説（シェルコマンドと定石コマンドの活用）…………………… 95
　　4.3.1　ブラケットアングル（第3章3.1.2項（1）図3-10参照）…………………… 95
　　4.3.2　ブラケットシャーシ（第3章3.1.2項（2）図3-11参照）…………………… 96
　　4.3.3　カバー（第3章3.1.2項（3）　図3-12参照）………………………………… 96
　　4.3.4　配管ブラケット（第3章3.1.2項（4）図3-13参照）………………………… 97
　4.4　3DCADの環境設定………………………………………………………………… 99
　　4.4.1　Creo Parametric（Pro/ENGINEER）……………………………………… 99
　　4.4.2　SOLIDWORKS………………………………………………………………… 101

索引……………………………………………………………………………………………… 104

第1章

手戻りのない設計プロセス

　本章では、手戻りのない設計の進め方を3ステップに分けて説明する。3DCADを使うから特別なプロセスが必要だ、ということではない。何らかの設計課題を解決する方法として、ベテラン設計者なら普段の業務で実行していることを整理して明確にしたものだ。
　構造・機構設計と3DCADに焦点をあてて説明しているが、他の設計分野や設計以外の業務にも応用できると考えている。

1.1 設計にはプロセスがある

　設計とは「何らかの目的を実現するために、具体的な手段や方法を考え、全体を統合しながら課題を解決していく作業」である。これは全ての機械や製品に共通であり、
　（Step-1）仕様の明確化：機械や製品に求められる条件や機能を定義する
　（Step-2）機能の具現化：仕様を満たす具体的な構造や機構を考える
　（Step-3）設計検証：仕様に対する検証で、必要に応じて具現化の内容を見直す
というプロセスをたどる。
　ここでひとくちに「設計」と呼んでいるが、**実務では白紙の状態から設計する「新規設計」と、既存の機械や製品をひな形として、部分的な機能を追加・変更するだけの「流用設計」という2種類の設計が存在する**。どのような企業でも、毎回のように新規に設計しているわけではなく、日々の業務は多くが流用設計だろう。
　本書では主として新規設計のプロセスを扱っている。流用設計を軽視するということではなく、新規設計の進め方を理解していれば、流用設計でも手戻りを発生させないような進め方ができるということだ。反対に、流用設計しか経験したことがない設計者は、新規設計の進め方を理解できないことが多い。同じように設計者と呼ばれていても、両者の間には大きな差があるので、本書をきっかけに、ぜひ新規設計のプロセスを身に付けてほしい。

1.1.1　新規設計と流用設計

　新規設計であれ流用設計であれ、基本的な設計プロセスは変わらない。両者の違いは、流用設計の場合、大部分が「従来の機械や製品と同じ」であるということだ。2種類の設計を**図1-1**で比較しながら、ステップ毎に進め方を説明していこう。

Step-1　仕様の明確化
　仕様の明確化とは、機械や製品の使用場面を想定したうえで、設計課題を解決するための条件や機能を定義する段階である。定義した条件や機能については、誤解や曖昧さが生じないように、**目標を数値化しておくことが重要だ**。仕様が曖昧なまま具現化のステップに進むと、設計検証の合否が判定できないので、結果的に無意味な構造や機構を作ってしまう。
　流用設計では仕様の大部分が従来の機械や製品と同じである。とはいえ、追加・変更する部分の構造や機構にだけ注力するのではなく、それらが従来の仕様に影響を及ぼすのではないか、という確認を忘れてはいけない。

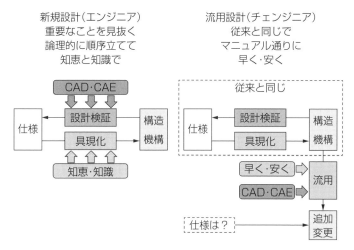

図 1-1 新規設計と流用設計のプロセス

Step-2　機能の具現化（構想設計・基本設計・詳細設計）

　機能の具現化は狭い意味での「設計」と呼ばれている工程である。仕様を満たすアイデアを抽出しながら、具体的な構造や機構を考えていく（構想設計）。その際は、思いついた部分から具現化してはいけない。**機械や製品の全体構成から機能別に分類・系統化し、個々の部品へと具現化を進める。**

　新規設計は前例も少ないので、重要なことを見抜きながら論理的に順序立てて考えていく。その過程では、多くの知恵と知識が必要である。流用設計でも追加・変更する機能に関する仕様は存在しているので、部分的とはいえ具現化については同じことだ。

　しかし、流用設計に慣れてしまうと、「従来と同じで」「マニュアル通りに」「早く・安く」を優先するあまり、仕様を軽視したコピー＆ペーストの設計になりがちである。一度や二度であれば、運よく問題が発覚しないかもしれない。だからといって何度もコピー＆ペーストを繰り返せば、元の仕様との乖離が大きくなり、深刻な事故へと繋がることもある。

Step-3　設計検証

　設計検証は、具現化した構造や機構が仕様で決めた条件や機能を満たしているか、具現化の内容を見直す工程である。仕様が存在しない構造や機構は合否の判断ができないので、仕様の決定からやり直すような手戻りが発生するので注意が必要だ。

　開発期間が同じであれば、3DCADやCAEなどのツールを使用すると、手作業の計算や実験よりも検証回数を増やすことができる。その結果、設計結果の精度が向上する、あるいは手戻りが少なくなる、という理屈だ。3DCADやCAEを導入しただけで、設計の手戻りがなくなるわけではない。

第1章 手戻りのない設計プロセス

構想設計から基本設計、詳細設計へは、(Step-2) 機能の具現化と (Step-3) 設計検証を何度か繰り返しながら、構造や機構を詳細に詰めていく。これは新規設計でも流用設計でも同じであり、3DCAD や CAE は設計検証を効率的に行うためのツールとして活用してほしい。

本書冒頭「はじめに」にも記載した「3DCAD を導人してはみたけれど…」と感じるのは、3DCAD を単に形を作るだけのモデリングツールとして使っている結果なのかもしれない。せっかく導人した (導人する) のであれば、設計プロセスを見直したうえで、設計検証ツールとして活用してほしい。そうすれば、新規設計でも流用設計でも有効に利用できるはずだ。

1.1.2 3DCAD 活用自己診断シート

自身が 3DCAD を効果的に活用できているかどうかは**表 1-1** でチェックしてほしい。この「3DCAD 活用自己診断シート」は、実際に筆者がコンサルティングなどで使用しているものである。企業から問い合わせや相談を受けた際、直接の打ち合わせやヒアリングが距離的・時間的に難しい場合は、事前に自己診断していただく。

表 1-1　3DCAD 活用自己診断シート

分類	Itm	内容	Yes	対象外	No
モデリング	m01	回転コマンドを使うことが多い。			
	m02	ソリッド（ボス、突き出し、パッド）やカット（切り抜き、ポケット）などの 2D スケッチに時間がかかる。			
	m03	ソリッド（ボス、突き出し、パッド）やカット（切り抜き、ポケット）などの 2D スケッチを定義するのが難しい。			
	m04	実際に加工する手順に従ってモデリングしている。			
	m05	作成したモデルの形状や寸法を変更するとエラーになることが多い。			
	m06	形状や寸法を変更してエラーになったら、削除して作り直すことが多い。			
	m07	板金部品の作成には板金専用コマンド（シートメタル）を使っている。			
	m08	意匠デザイン図面の指示どおりにモデリングしている。			
	m09	意匠デザイン形状をモデリングするのにラウンド（フィレット、丸みづけ）を使っている。			
	m10	ラウンド（フィレット、丸みづけ）の半径 R が次第に「0」となるような意匠形状の指定に徐変（可変）を使っている。			
	m11	シェル（側壁）で薄肉化できないことが多い。			
	m12	部品点数の多いアセンブリが呼び出せない、呼び出すのに時間がかかる。			
	m13	類似部品をファミリーテーブル（コンフィグレーション、パーツのファミリー）で作成している。			

1.1 設計にはプロセスがある

	m14	モデリングの際、他の部品から一部または全部の形状をコピー（外部参照、ジオメトリコピー）することが多い。			
	m15	3Dモデルを完成させてから、2D図面を作成している。			
	m16	2D図面の作成にはAutoCADなど別の2DCADを用いている。			
教育	e01	操作教育に1ヶ月以上かけている。			
	e02	設計に必要と思われるコマンドは全て教えるようにしている。			
	e03	操作練習に過去の2D図面を使っている。			
	e04	操作練習を兼ねて社内で使用する標準部品を作成している。			
	e05	教育しても設計に使ってくれない。			
	e06	共同作業やグループ設計のやり方がわからない。			
設計	d01	ファイル名に「シャフト」や「ブラケット」などの名称をそのまま使用している。			
	d02	仮のファイル名で設計を始め、出図の前にファイル名を変更している。			
	d03	部品を完成させて（モデリングして）から、アセンブリ（プロダクト）に組み付けている。			
	d04	部品の面同士を合致させたり、孔に軸を挿入して組み付けることが多い（ねじ等の締結部品は除く）。			
	d05	アセンブリ（プロダクト）は製造する順番で組み付けることが多い。			
	d06	レイアウトや構想設計には2DCADを使用している。			
	d07	レイアウトや構想設計が完了した2D図面を見ながら3D化している。			
	d08	階層の深いアセンブリは設計検討しにくいと思う。			
	d09	図面レスを目標にしている。			
	d10	2D図面の完成を待ってから検図している。			
	d11	片振り公差（100 mm＋0/−0.1など）は基準値（100 mm）でモデリングしている。			
	d12	射出成形品の抜き勾配は金型メーカに任せている。			
	d13	複雑な射出成形品でもキャビティ形状とコア形状を1部品として作成している。			
	d14	射出成形品で、意匠デザインの完成を待ってからコア側のリブ等を作成している。			
	d15	顧客から受け取る中間データ（IGES、STEPなど）は修復しないと使えない。			
	d16	金型メーカの選定は、資材・購買部門に任せている。			
	d17	3DCADのアセンブリ構成は製造工程や組立順に着目した階層で作成している。			
	d18	3DCADのアセンブリ構成は、大分類／中分類／小分類、程度の浅い階層にしている。			
	d19	アセンブリ（プロダクト）の代わりに、マルチボディ（ひとつのファイル内で複数の部品を作成）を使用することが多い。			
	d20	設計の順番と製造の順番、設計基準と製造・検査・組立基準の違いがわからない。			

　シートに記載された各質問に対して、該当する場合は［Yes］または［No］に［✓］を記入、質問内容が業務に関係ない場合は［対象外］に［✓］を記入するだけでよい。本書を読み進める前に、自己診断してみてほしい。

結果はどうだっただろうか？　この自己診断シートは全ての質問項目で［No］に［✓］されているのが理想だ。［Yes］に［✓］されている項目は、改善すべき内容である。質問内容そのものが問題の原因となっている場合もあるし、その裏に隠れた別の要因が真に解決すべき問題かもしれない。コンサルティングでは自己診断結果を踏まえ、直接の打ち合わせやヒアリングで詳細内容を確認させていただいている。

1.1.3　3DCAD活用べし・べからず集

前項の「3DCAD活用自己診断シート」は3DCADの活用方法に問題がないか、おおまかに調査するために使用している。その質問内容を反対側から表現したものを**表1-2**に示す、3DCADを活用する際の「べし・べからず集」だ。内容を理解したうえで、日々の業務でのチェックに用いるのが良いだろう。

表1-2　3DCAD活用べし・べからず集

分類	Itm	内容	Yes	対象外	No
モデリング	m01	回転コマンドは使うべからず。			
	m02	ソリッド（ボス、突き出し、パッド）やカット（切り抜き、ポケット）などの2Dスケッチには時間をかけるべからず。			
	m03	ソリッド（ボス、突き出し、パッド）やカット（切り抜き、ポケット）などの2Dスケッチは単純（○、□、△、／）にすべし。			
	m04	実際に加工・製造する手順ではなく、設計の手順でモデリングすべし。			
	m05	作成したモデルの形状や寸法を変更しても、エラーとならないようにすべし。			
	m06	形状や寸法を変更してエラーになっても、削除して作り直すべからず。			
	m07	板金部品の作成に板金専用コマンド（シートメタル）を使うべからず。			
	m08	意匠デザイン図面の指示どおりにモデリングするべからず。			
	m09	意匠デザイン形状をモデリングするのにラウンド（フィレット、丸みづけ）を使うべからず。			
	m10	ラウンド（フィレット、丸みづけ）の半径Rが次第に「0」となるような意匠形状の指定に徐変（可変）を使うべからず。			
	m11	シェル（側壁）で薄肉化できるモデルを作成すべし。			
	m12	部品点数が多くなると呼び出せない（呼び出すのに時間がかかる）ようなアセンブリのデータ構造にするべからず。			
	m13	ファミリーテーブル（コンフィグレーション、パーツのファミリー）で類似部品を作るべからず。			
	m14	モデリングの際、他の部品から一部または全部の形状をコピー（外部参照、ジオメトリコピー）するべからず。			
	m15	2D図面は3Dモデルと同時に作成すべし。			

1.1 設計にはプロセスがある

	m16	2D図面の作成には3DCADの製図機能を使うべし。AutoCADなど、別の2DCADを使うべからず。
教育	e01	操作教育に1ヶ月以上かけるべからず。
	e02	操作コマンドは教えすぎるべからず。
	e03	操作練習に過去の2D図面を使うべからず。
	e04	操作練習を兼ねて社内で使用する標準部品を作成するべからず。
	e05	設計作業に使える教育をすべし。
	e06	共同作業やグループ設計ができる使い方を教えるべし。
設計	d01	ファイル名に「シャフト」や「ブラケット」などの名称をそのまま使うべからず。
	d02	仮のファイル名で設計を始め、出図前にファイル名を変更するべからず。
	d03	部品を完成させて（モデリングして）から、アセンブリ（プロダクト）に組み付けるべからず。
	d04	部品の面同士を合致させたり、孔に軸を挿入して組み付けるべからず。（ねじ等の締結部品は除く）
	d05	アセンブリ（プロダクト）は製造する順番ではなく、設計する順番で組み付けるべし。
	d06	レイアウトや構想設計にも3DCADを使うべし。
	d07	レイアウトや構想設計が完了した2D図面を見ながら3D化するべからず。
	d08	設計検討を効率的に行うには階層の深いアセンブリ構造にすべし。
	d09	図面レスを目標にするべからず。
	d10	検図は2D図面作成中に実施すべし。
	d11	片振り公差（100 mm＋0/－0.1など）を指定する部分は中央値（99.95 mm）でモデリングすべし。
	d12	射出成形品の抜き勾配は金型メーカ任せにせず、設計でモデリングすべし。
	d13	複雑な射出成形品はキャビティ形状とコア形状を別部品で作成すべし。
	d14	射出成形品で、意匠デザイン形状とコア形状は並行して作成すべし。
	d15	修復しないと使えない中間データ（IGES、STEPなど）は顧客から受け取るべからず。
	d16	金型メーカの選定は、資材・購買部門に任すべからず。
	d17	3DCADのアセンブリ構成は設計機能に着目して分類した階層に従うべし。
	d18	3DCADのアセンブリ構成は分木を少なく深い階層にすべし。
	d19	アセンブリ（プロダクト）の代わりに、マルチボディ（ひとつのファイル内で複数の部品を作成）を使用するべからず。
	d20	設計の順番と製造の順番は逆、設計基準と製造・検査・組立基準の位置は異なることを認識すべし。

1.2 仕様の明確化（Step-1）

　設計作業を「具体的な構造や機構を考えること」であると、狭い範囲で捉えてしまう設計者も多い。しかし、考えた構造や機構には設計検証での見直しを容易にするため「なぜ、そうしたか？」という理由や根拠が必要である。そのため、設計における最初のステップは、具体的な構造や機構を考えるための条件や機能を明確にする作業から始める。本書では、仕様の明確化までを含めた広い範囲を設計と捉え、以降の説明を進めていく。

1.2.1　仕様の上下関係

　仕様は設計の目標値であり、具体的な構造や機構を決める際の理由や根拠となる。実際の機械や製品では、数多くの仕様を設定することになり、仕様書には重要な仕様項目から順に整理して記載しておく。具現化に際しては、上位の重要な仕様から検討していくことになる。
　当然ながら、上位の仕様に反する内容を下位の仕様で決めてはならない。下記に、大きな分類で仕様の上下関係をまとめておく。実務では法律が最上位であり、不可侵な仕様となる。

> 1. 法律　　　　　　　実務では不可侵なもの。違法な機械や製品を作ることはできない。
> 2. 倫理・環境・規格
> 3. コンセプト　　　　使用場面や目的など、仕様に対する根拠となるもの。
> 4. 要求仕様　　　　　客先の要求、営業的な要求、コンセプトに直結した基本仕様。
> 5. 社内規格
> 6. 設計仕様　　　　　設計を進めるために必要な全ての詳細仕様。

　上記のうち「2. 倫理・環境・規格」と「5. 社内規格」は正当な理由があれば、必ずしも守る必要はない。しかし、「2. 倫理・環境・規格」に関しては、社会的制裁を受ける覚悟も必要であることに留意されたい。
　受注設計では「3. コンセプト」や「4. 要求仕様」は客先から提示される場合が多い。自社設計の場合は、営業的な要求やコンセプトに直結した基本的な仕様に相当する。
　注意してほしいのは1.〜5.までの仕様で、抜けている条件などは、設計部門が責任を持って決めきることである。客先から要求がないから、営業から何も言ってこないから、などの理由でそのままにしておいてはいけない。未決定の仕様や曖昧な仕様は手戻りの原因となるので、少なくとも気が付いた時点で「6. 設計仕様」に追加しておくことを忘れてはいけない。
　なお本書では「1. 法律」「2. 倫理・環境・規格」「5. 社内規格」に関しては深く触れない。以降は「3. コンセプト」「4. 要求仕様」「6. 設計仕様」の内容を中心に説明する。

1.2.2 コンセプトの設定

コンセプトは機械や製品の使用場面や目的など、要求仕様や設計仕様を決める際の前提条件である。要求仕様や設計仕様は、コンセプトに設定された前提条件の範囲内で議論しながら決めていく。そのため、実務では時間をかけて検討される内容である。

ここで設定しておくべき内容は、下記に示す6W3Hを利用して、抜けのないようにしよう。必ずしも全ての項目を最初から設定できないかもしれない。ただし不足があれば、要求仕様や設計仕様を決定する段階で気付くはずだ。その際は不足しているコンセプトの項目を追加して、要求仕様や設計仕様と整合させておくことが必要である。

1. When　　　　いつ
2. Where　　　 どこで（使用場所）
3. Who　　　　 誰が（購入ユーザ）　　＊「4. Whom」と同じ場合もある
4. Whom　　　 誰に（使用ユーザ）　　＊「3. Who」と同じ場合もある
5. What　　　　何を
6. How　　　　 どのようにして　　　　＊1.～5. のおおまかな機能・方式など
7. How much　 いくらで（価格設定）
8. How many　 いくつ（何台）
9. Why　　　　 なぜ（そうしたか）　　＊1.～7. を設定した理由

上記6W3Hの項目は必要な条件であるが、それだけで十分とは言えないことに注意してほしい。特殊な事項があれば、コンセプトに追記しておくことを忘れないようにしよう。

図1-2は筆者が設計プロセス教育で使用している設計課題（2足歩行ロボット）の例である。この課題を「客先の要求」と考えるならば、仕様の前提条件となるコンセプトが不足しているのがわかる。このまま議論を進めても、検討すべき範囲が不明確なので、あらゆる場面を想定するあまり、なかなか結論を出せない状況に陥ることだろう。

実際の業務においても、似たような状況であることに気付けないことも多い。議論しているのになかなか結論が出ない場合は、いちど立ち止まって客先にコンセプトを再確認することが重要だ。決して、設計者の思い込みで作業を進めてはいけない。自社で商品企画している場合は、曖昧になっているコンセプトについて、担当部門と再検討することになる。

基本的なコンセプトを「競技会に出場し、確実にゴールする2足歩行ロボット」と設定すれば、6W3Hの内容は下記のようになる。ひとつの例として、参考にしていただきたい。

第1章 手戻りのない設計プロセス

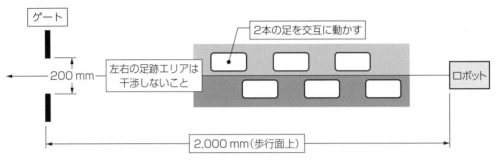

- 2本の足を交互に接地して歩くこと。
- 任意のタイミングで動力が切れても、そのままの姿勢を保つこと。
- 動力源はモータ×1個と電池×1個のみとする。
- 2m先に設置されたゲートの開口部をロボット後端が、2分以内に通過できること。
  - 歩行面は10°傾斜している。
  - ゲートは歩行面に対して垂直に設置されている。
  - ゲートの開口部は、幅200 mm×高さ300 mmとする。
  - ロボットはゲート面より2m離れた位置からスタートさせる。

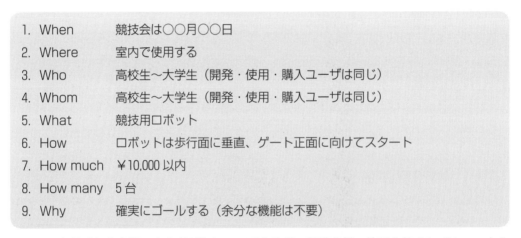

図1-2 2足歩行ロボットの設計

1. When　　　競技会は〇〇月〇〇日
2. Where　　 室内で使用する
3. Who　　　高校生～大学生（開発・使用・購入ユーザは同じ）
4. Whom　　 高校生～大学生（開発・使用・購入ユーザは同じ）
5. What　　　競技用ロボット
6. How　　　ロボットは歩行面に垂直、ゲート正面に向けてスタート
7. How much　￥10,000 以内
8. How many　5台
9. Why　　　確実にゴールする（余分な機能は不要）

　これらを設計担当者間の合意事項として、要求仕様や設計仕様の検討を始めればよい。あらゆる状況を想定するのではなく、適切に設定された想定範囲内で議論を進めるという意味だ。実際の設計においても、何でもできる機械や製品を目指すと、何もできない中途半端な結果をもたらす場合もある。

1.2.3　要求仕様と設計仕様

　客先の要求やコンセプトに直結した、より上位の仕様項目を特に要求仕様と呼んでいるが、要求仕様と設計仕様の内容に本質的な違いはない。仕様書には、コンセプトで想定された使用場面やユーザなどから、設計で解決すべき条件や機能を重要なものから記載する。通常は、下

1.2 仕様の明確化 (Step-1)

記のような順で列挙すれば良い。

1. 設計の対象となる機械や製品「ならでは」の条件や機能
2. 付加価値に相当する条件や機能
3. 機械や製品に対して、一般的に要求される条件や機能

それぞれの仕様項目には、定義した条件や機能の目標値を決めておく。その際は「できるだけ軽く」「できるだけ小さく」「できるだけ速く」などの曖昧な表現ではなく、「質量＝□□Kg」「長さ＝□□mm」「速度＝□□mm/s」などのように、あとで検証可能な数値と工学単位系を用いる。

加えて「従来と同じ」「操作性が良い」「安全性が高い」などの、検証の際に基準が不明確となるような表現も使ってはならない。

最も重要なのは「なぜ、そう決めたのか」という、仕様項目と目標値を決めた理由や根拠を記載しておくことである。設計を進める過程で、仕様を見直す必要が生じた場合、これらの検討過程が残っていないと、どこに不都合があったのかわからなくなるからだ。

何らかの理由で数値まで決定できない場合は、理由を明確にしたうえで、仮の数値でも良いから決めておく。筆者の経験では、目標値を決めるに至る理由が論理的に順序立てて考えられていれば、仮の数値であっても、最終的に決定した数値とそれほど離れていないことが多い。理由もなく「エイヤ」で決めるのは最悪の行為である。

動作やタイミングなどのように、数値だけでは表現できない条件は、タイミングチャートを作成すると曖昧さを排除できる。前項で例示した「2足歩行ロボットの設計」で作成したタイミングチャートの例を**図1-3**、**図1-4**、**図1-5**に示す。

横軸を時間経過の共通軸にして、縦軸に各部の動作を記載したものだ。これらはあくまでも、タイミングチャートの描き方を説明した例であり、「2足歩行ロボットの設計」での正解例を示しているわけではないことに注意していただきたい。

仕様項目が増えると、仕様の上下関係・仕様の数値とタイミングチャートなどの間に矛盾が生じることもある。このような矛盾は後になるほど多方面に影響を及ぼすため、発見した時点で解決しておくことが大切だ。図1-4の左側は仕様を決定した直後のタイミングチャートで、右側は構造や機構をフィードバックしながら具現化を進めた結果だ。初期のものから、修正が繰り返されているのがわかる。

仕様の時点で具体的な構造や機構を考える必要はない。ただし、動作のイメージを共有するために、図1-5のようにタイミングチャートと整合した動作概念図を描いておくのもよいだろう。

要求仕様であれ設計仕様であれ、どちらの仕様がより上位か？　仕様を決めた理由や根拠に

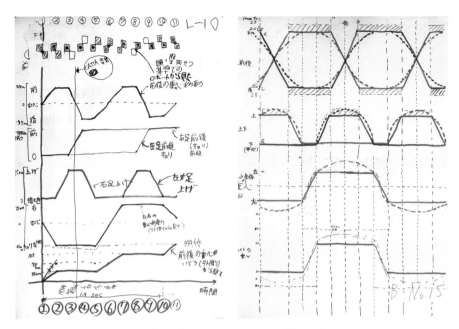

図1-3 タイミングチャート (その1)

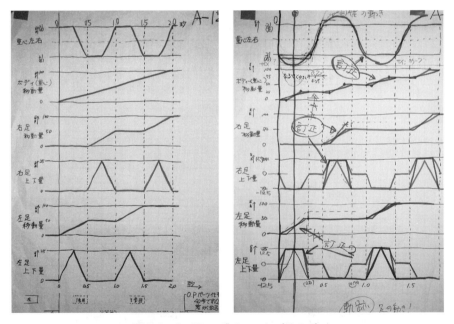

図1-4 タイミングチャート (その2)

論理的な誤りはないか? 目標値は適切か? など、上位の仕様から下位の仕様へ、論理的に順序立てて決められているかを再確認しよう。

1.2 仕様の明確化（Step-1）

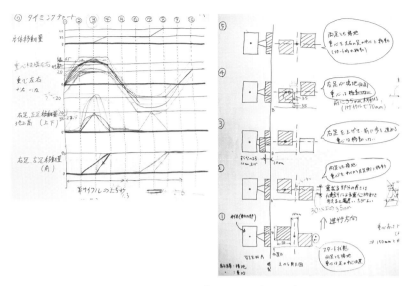

図1-5 タイミングチャート（その3）

1.2.4 穴あけパンチの仕様

ここまでの説明を踏まえ、オフィスで見かける穴あけパンチの仕様を考えてみよう（**図1-6**）。既に市販されている商品ではあるが、自分が最初から設計するつもりになって、コンセプトを仮定したうえで、設計に必要な条件や機能を列挙してみてほしい。

穴あけパンチ「ならでは」の仕様を、5分以内に10項目以上（数値は不要、仕様項目だけでよい）、重要なものから順番に列挙できるだろうか？ ただし、寸法・質量・使用環境などの一般的に要求される仕様は除外しておく。

■ 穴あけパンチならではの仕様を作成してみよう。
- 基本仕様（機能）を10項目以上リストアップする
- 制限時間は5分
- 重要と思われる仕様は上位に（項目のみでよい）
- 本体寸法、質量、使用環境などの一般的な仕様は下位に

図1-6 穴あけパンチの仕様

第1章 手戻りのない設計プロセス

　解答例は第4章のケーススタディ（P.88）を見ていただきたい。「重要なことを見抜き、上位の仕様から論理的に順序立てて考える」ことができているだろうか？　今回は仕様項目だけを列挙したが、実際の業務では列挙した仕様項目に対して、設計の目標値も決めなければならない。

1.3 機能の具現化（Step-2）

　具体的な構造や機構を考える前に仕様を明確にしておくべきであるが、往々にして仕様を曖昧にしたまま、構造や機構だけを進めてしまうことが多い。特に、流用設計では曖昧な仕様のままコピー＆ペーストで形状だけを作りがちである。

　曖昧な仕様は根拠のない構造や機構を生んでしまうので、どんな場合でも仕様を明確にしたうえで、それらを満たす構造や機構を考えるのが、正しい設計プロセスである。できあがった構造や機構に後づけで仕様を作成するような進め方をしてはいけない。

1.3.1　構想設計の進め方

　仕様書には、設計で解決すべき条件や機能が重要なものから列挙されている。そのために、構想設計の初期段階となる具現化も、重要な仕様項目から順に解決していけばよい。まずは、仕様で決められた設計条件や機能を、具体的にどのような方法で解決するか（できそうか）、様々なアイデアを考えることから作業を始める。

　この段階では、自由にアイデアを考えてよいのだが、完全に自由というわけではない。あくまでも、仕様を満たせるか（満たせそうか）という判断基準によって、アイデアを抽出しなければならない。明らかに仕様を満たせないものは、それ以上検討しても無駄なので早い段階で排除する。複数のアイデアがある場合は、仕様項目を満たせるかどうかで判断しながら、ひとつに絞っていくことが重要だ。

　構造や機構のアイデアはポンチ絵（簡単な立体図・マンガ）を描きながら検討する。平面的な図形だけでは、奥行きやボリューム感がイメージしにくいため、まずはポンチ絵、補足で平面図という使い方をする。平面図だけの説明は、自分自身を含め他人にも、思わぬ勘違いを引き起こす原因となるので、可能な限り避けたい。

　1.2.2項の説明で使用した「2足歩行ロボットの設計」において作成した構想設計段階のポンチ絵を図1-7、図1-8、図1-9に示す。この時点で細かな形状は必要ない。仕様を具現化するならば、おおよそこのような構成が必要だろう、という内容が誤解なく表現できていれば十分である。

　検討した構造や機構には採用の可否に関わらず、必ずその理由と根拠を記載しておく。不採用になったアイデアでも、あとで状況が変わって再検討の必要が生じた際、記載された理由や根拠から順を追って見直すことが容易になるからだ。

　構想設計を進めると、当初は想定していなかった新たな機能が必要になってくることも多い。仕様が存在しない構造や機構は無意味なので、足りないと気付いた仕様は、その都度追加しな

第 1 章　手戻りのない設計プロセス

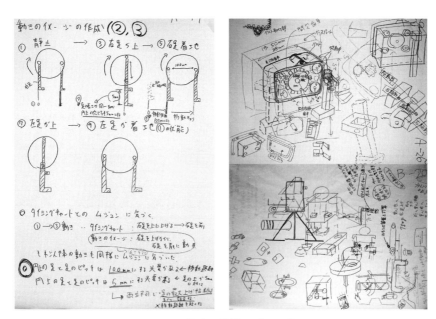

図 1-7　構造・機構のポンチ絵

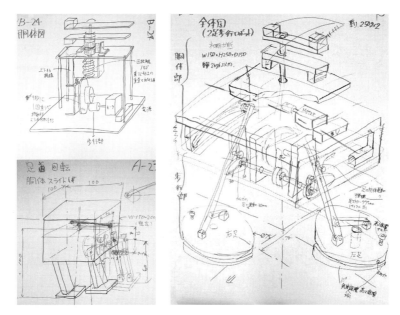

図 1-8　構造・機構のポンチ絵

がら設計を進める。どのような場合でも、仕様に基づいて構造や機構を考える、という順番を意識しておこう。

1.3 機能の具現化（Step-2）

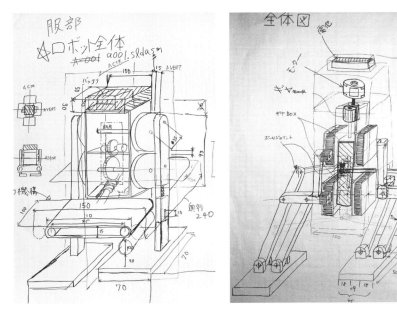

図1-9　構造・機構のポンチ絵

1.3.2　設計機能を樹系図で見える化しておく

構想設計にしろ詳細設計にしろ、重要な機能から具現化していくというのが進め方の原則である。決して、手のつけやすい部分から作業を始めてはならない。ベテラン設計者と新人設計者の違いは、経験の量とともに、設計で重要な部分を見抜けるかどうかである。構造や機構は、仕様に記載された条件や機能を解決した結果であるから、設計で重要な部分は仕様でも重要な項目であるということだ。

ここで、ベテラン設計者の頭の中にある設計で重要な順番を「見える化」する方法を考えてみる。必要なことは、機械や製品の設計機能を適切に分類すること、それらを設計すべき順番に系統化すること、である。

1.2.4項で取り上げた「穴あけパンチ」を例に考えてみる。**図1-10**に示すように、「穴をあける」機能を刃物「パンチ」と受け台「ダイ」に大きく分類する。次に「パンチ」は「パンチ刃」とそれを動かす「アーム」に、「ダイ」は「ベース」と「サポート」に分解し、同様に部品レベルまで機能分解していく。

このようなツリーは「樹系図」あるいは「設計機能分類」などと呼ばれている。本書では、設計機能をルールに基づいて分類し、それらを設計の順番に着目してツリー状に系統化したものを以降「**樹系図**」と記述する。適切な樹系図（図1-10）を作成すれば、下記のようなメリットがある。

第1章 手戻りのない設計プロセス

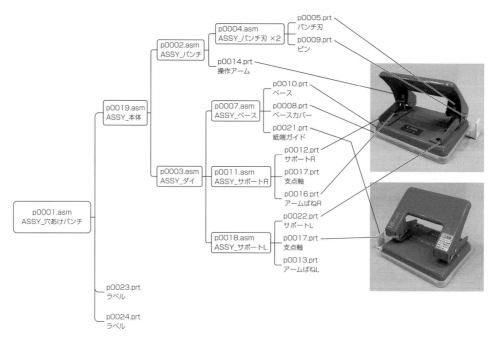

図1-10 穴あけパンチの樹系図

適切に系統化された樹系図
1. 設計で具現化すべき順番が明確である。
2. 機能毎に体系的なDR（設計審査）が容易である。
3. 設計変更の影響範囲を把握しやすいので、設計変更が容易である。
4. 流用設計可能なモジュールを把握しやすいので、流用設計が容易である。

反対に機械や製品が機能別に分類されておらず、系統化もされていないフラットな樹系図（図1-11）では、前記のメリットが全てデメリットになる。

系統化されていないフラットな樹系図
1. 設計で具現化すべき順番がわからない。
2. 体系的なDR（設計審査）を機能毎に実施できない。
3. 設計変更の影響範囲がわからないので、設計変更が困難である。
4. 流用設計可能なモジュールが不明確なので、流用設計が困難である。

　筆者が樹系図を知ったのは、最初に就職したメーカを退職したのちに就職したコンサルティング会社の仕事を通じてである。当初は、構想設計が終わった機械や製品の部品構成を機能別に整理するために樹系図を作成していた。
　その後、企業の設計プロセス教育やコンサルティングを実施する過程で、筆者の使い方も徐々に変化してきた。現在では、構想設計が終わってから樹系図を作成するのではなく、樹系

1.3 機能の具現化（Step-2）

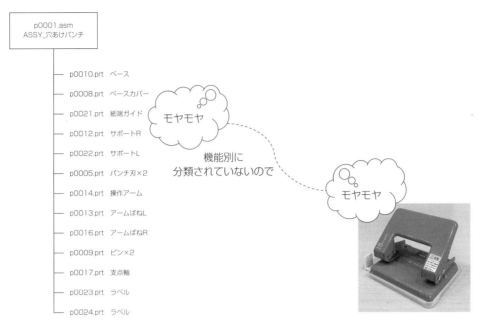

図1-11　フラットな樹系図

図で設計機能を整理しながら同時に構想設計も進める、という方法を採っている。重要な機能から具現化していくためのガイドとして樹系図を利用するというのは理にかなっていると思う。さらに、設計は仕様の結果なので、必要に応じて仕様の段階から樹系図を利用してもよい。

　設計検証に3DCADを利用する際は、アセンブリ構造を樹系図のツリー構成と同じにしておく。適切な樹系図を作成するメリットは、そのまま設計検証で3DCADを使用する際のメリットでもあるからだ。

1.3.3　効果的な樹系図を作るための3ヶ条

　適切な樹系図を作成するための指針を「樹系図3ヶ条」として下記にまとめておく。筆者の経験則も含め、設計の順番や機能をどのように捉えるのか、という考え方が基本である。

1. 設計で重要な機能から分類する

　工場で機械や製品を組み立てる順番は設計と同じ順番とは限らないので、樹系図を作成する際には注意が必要である。製造の順番と設計の順番は逆になっている場合が多く、設計で重要な部品はたいてい工程の最後に組み付けられる。動作についても、実際の動作と設計で考えるべき動作の順番は逆になっている場合が多い。

　本来あるべき設計の順番に着目して機能を分類・系統化することにより、重要な設計機能から体系的にDRを実施することが可能となる。

2. ひとつの階層は4分木以内とする

　どこまで細かく機能分類すればよいか、読者も悩むところだと思う。企業でのコンサルティングでは過去、ひとつの階層を10分木（10機能）以内というルールから始め、7分木→5分木→4分木と試行を重ねてきた。それらの経験則から、現時点ではひとつの階層で4分木を超えると検討しにくく、4分木以下が適切であろうと考えている。

　ひとつの階層で分木を多くした階層の浅い樹系図よりも、階層は深くなるが、分木させる機能を少なくするほうがよい。樹系図の階層と設計検討の組み合わせ数については後述するが、ひとつの階層で分木が少ないと設計検討は容易になり、流用可能なモジュールも把握しやすくなる。

3. アセンブリと部品は混在させない

　3DCADにおけるアセンブリの役割としては、その階層にある構成要素（機能）同士の取り合いなどを検討することである。その際、検討対象になる構成要素同士で設計機能の規模感が同じ程度であれば検討しやすい。

　アセンブリを大きな設計機能、部品を小さな設計機能と考えれば、アセンブリと部品の取り合いを検討するよりも、アセンブリ同士あるいは部品同士の取り合いを検討するほうが効率的である。ただし、目的は構成要素同士で設計機能の規模感を合わせることなので、ひとつの部品で設計機能が大きい場合は例外と考えてよい。

　樹系図3ヶ条を理解するためのキーポイントとして「**設計検討の対象を絞り込む**」「**設計の順番と製造の順番**」「**MBOMは樹系図に流用できない**」「**樹系図と仕様書でモジュール化設計を実現する**」について以下に補足説明をしておく。

(1) 設計検討の対象を絞り込む

　分木が多く階層の浅い樹系図よりも、分木が少なく階層の深い樹系図のほうが検討しやすい理由は、設計検討の組み合わせ数にある。**図1-12**は階層のないフラットな樹系図の例で、ひとつの階層を8部品（機能）に分木させている。3DCADでのアセンブリ構造に読み替えてもらっても同じである。この状態で、担当者以外の設計者が構成部品のひとつを変更する場合を考えてみよう。

　部品同士の関連性が不明なので、8部品の中で2部品の組み合わせを総当たりで検討せざるを得ない。担当者であっても、時間が経過していれば同じことだ。このような場合、8部品であっても、設計検討の組み合わせ数は28通りにもなってしまう。

　設計者もフラットな樹系図では検討しにくいことを経験的に理解しているので、**図1-13**のようにサブアセンブリを作成することが多い。樹系図を1階層増やすことにより、ひとつの階層の分木数を8分木から4分木に減らすことができる。サブアセンブリ間で検討する組み合わ

1.3 機能の具現化（Step-2）

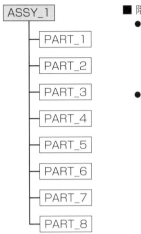

■ 階層の浅い樹系図（1階層）
- ASSY_1以下のPART同士（2個）の取り合いを検討する組み合わせ数は

$$_nC_r = \frac{n!}{r!(n-r)!}$$

- n=8、r=2として

$$_8C_2 = \frac{7\times 8}{2} = \underline{28通りも検討必要}$$

図1-12 階層の浅い樹系図（1階層）

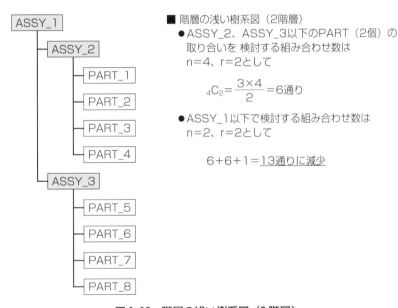

図1-13 階層の浅い樹系図（2階層）

■ 階層の浅い樹系図（2階層）
- ASSY_2、ASSY_3以下のPART（2個）の取り合いを 検討する組み合わせ数は
  n=4、r=2として

$$_4C_2 = \frac{3\times 4}{2} = 6通り$$

- ASSY_1以下で検討する組み合わせ数は
  n=2、r=2として

$$6+6+1=\underline{13通りに減少}$$

せ数は増えるが、全体としてみれば、設計検討の組み合わせ数は13通りに減少する。

　サブアセンブリをさらに増やして3階層にした樹系図を**図1-14**に示す。ひとつの階層の分木数は減少するので、部品間で検討する組み合わせ数も減少する。サブアセンブリ間で検討する組み合わせ数は増えるが、全体で検討するべき設計検討の組み合わせ数は7通りだけでよいことになる。

　ツリーの階層が深くなると、検討しにくいと感じてしまう人も多い。しかし、樹系図3ヶ条に従って作成されたツリーでは、どの階層に着目しても最大で4分木までだ。結果的に階層が深いほど、検討する組み合わせ数も少なく、検討しやすいツリーとなる。

第1章　手戻りのない設計プロセス

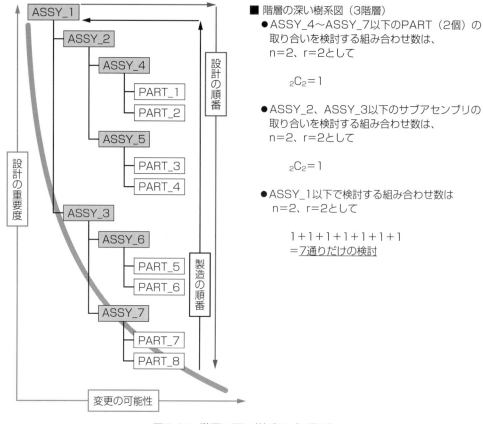

図1-14　階層の深い樹系図（3階層）

（2）設計の順番と製造の順番

　樹系図を作成する際は機能分類だけでなく、設計の順番に着目して系統化することを重視している。経験の少ない設計者は、実際に機械や製品を組み立てる順番と、設計すべき順番を混同していることも多いので注意が必要だ。逆に言えば、設計の順番で適切に系統化された樹系図は、設計すべき道筋を明示してくれる良い設計ガイドであるとも言える。新人設計者で、どこから設計してよいかわからない場合は、**製造順や組立順とは逆の方向から設計すべき順番を考えてみるのも良いだろう。**

　図1-14の樹系図を、上位の階層から下位にたどったものが設計の順番であり、逆にたどると製造の順番になる。設計の順番で正しくツリーが作成できていれば、設計で重要な上位の部品やアセンブリは変更の頻度が少なく、設計でそれほど重要ではない下位の部品やアセンブリほど変更される頻度が多い。このことから、機械や製品のバリエーションを展開するのであれば、樹系図の下位の部分で対応するのが得策である。

　図1-15は工作機械を工場で組み立てる順番と、設計すべき順番を比較したものである。工作

1.3 機能の具現化（Step-2）

■ ベッドから考えるのは製造で組み立てる順番

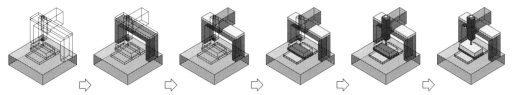

■ 設計では、ワークから考える

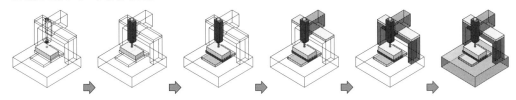

図 1-15　製造順と設計順（工作機械）

機械を設計・製造している企業の設計者に「工作機械はどこから設計しますか？」と聞いたところ、「ベッドから…」という答えが帰ってきたので作成した説明図だ。

確かに、工作機械のベッドは大きな部品で、製造にも時間がかかるため、優先して出図しなければならない。だからといって、支えるべき構造物を設計する前にベッドを設計できるはずもなく、当然のことながらワーク（切削物）や刃物から順を追って設計することになる。

工作機械の新規設計を経験したことがない設計者は「ベッドから…」と思ってしまうのだろうが、製造上の大きな制限条件となっている部品というだけだ。ベッドの設計内容を見直す場合は、ベッドから始めるのではなく、ワークから順を追って見直す必要がある。

図1-16は産業用ロボットの例である。工作機械と同様、製造の順番と設計の順番は逆になり、実際に仕事を行なう「指先」から設計する。動作に関しても、実際に動作する順番と設計で考えるべき動作の順番も逆になる。こちらも、指先の動きから設計していく。

図1-17は水道の蛇口を示す。流体を扱うバルブや油圧回路も同様。蛇口の場合、製造の順番としては最後に水を流すことになるが、設計では水の制御方法を最初に考え、最後にボディという順番に進める。

(3) 製造部品表（MBOM）は樹系図に流用できない

設計の順番や機能に着目して分類するという意味では、樹系図と設計部品表（EBOM）は似たものである。しかし、全く同じではない。設計部品表では、その名の通り部品レベルまでの分類であるのに対し、樹系図では、ひとつの部品であっても、さらにその機能を分解したツリーを作成することも可能だ。

設計部品表に対し、製造の順番や工程単位に着目して分類したものを製造部品表（MBOM）と呼ぶ。これは、適切に作成された設計部品表を逆にたどり、製造順に並び替え、階層を浅く

設計の動作
設計の順番
製造の順番
実際の動作

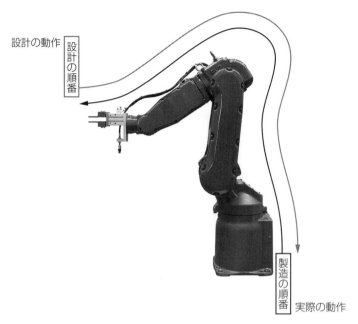

図 1-16　製造順と設計順（産業用ロボット）

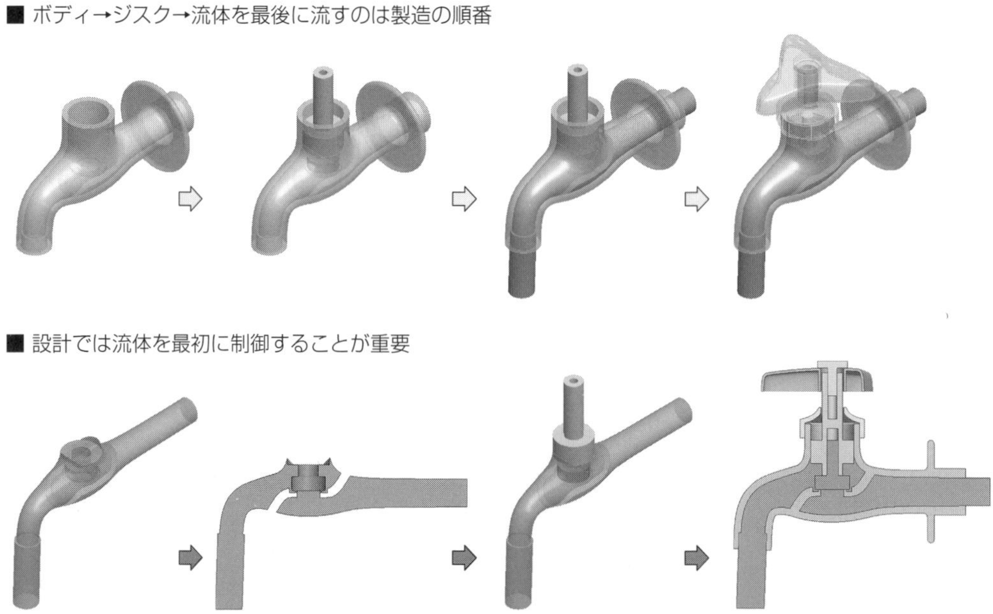

■ ボディ→ジスク→流体を最後に流すのは製造の順番
■ 設計では流体を最初に制御することが重要

図 1-17　製造順と設計順（バルブ・油圧回路）

編集したものと考えれば良い（**図 1-18**）。

設計部門では設計部品表（EBOM）を、製造部門では製造部品表（MBOM）を、と分けて運用している企業がある反面、設計部品表に製造の順番や工程単位の情報を混在させて、設計兼

1.3 機能の具現化 (Step-2)

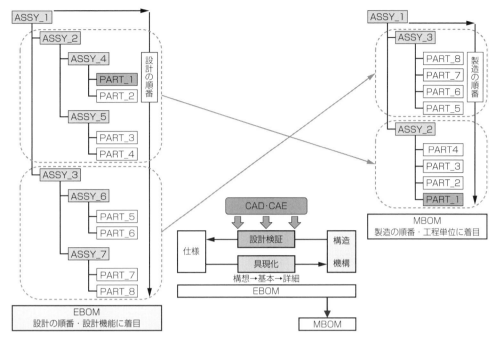

図1-18 EBOMとMBOM

製造部品表（製造部品表に近いものも多い）のような形で運用している企業も多い。

設計兼製造部品表のような形で運用している場合は、設計検証に使用する3DCADのアセンブリ構成に、設計兼製造部品表や製造部品表の構成をそのまま流用してはいけない。設計の機能分類や順番以外の情報が混在しているため、設計検証がやりにくくなるからだ。設計部品表から製造部品表を作成することは可能だが、製造部品表から設計部品表を作成することはできないので、これを機会に設計検討で使用できる設計部品表を作成してみるのがよいだろう。

(4) 樹系図と仕様書でモジュール化設計を実現する

樹系図で適切な機能分類がなされていれば、それらに仕様書をひも付けることによって、モジュール化設計が容易になる。仕様書に基づいて具現化した結果が、樹系図に記載された部品やアセンブリであり、それらは仕様書にフィードバックして検証されるという関係だ（**図1-19**）。ここで言う仕様書とは、コストや実験結果、設計マニュアルなども含んだ広い意味で使っている。

モジュール化設計では、仕様書も含めて流用することが重要である。決して、構造や機構が類似しているからというだけで流用してはならない。

第1章　手戻りのない設計プロセス

■ 仕様書も含めた機能分類

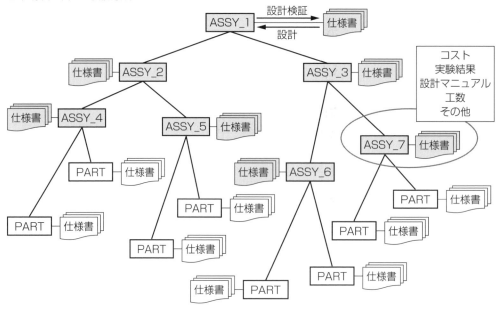

図1-19　モジュール化設計

1.3.4　ボールペンの樹系図を見てみよう

ここまでの説明を踏まえ、図1-20に示すボールペンの樹系図を作成してみよう。単純な構造なので部品点数はそれほど多くない。乾燥防止チップはボールの乾燥を防ぐための部品で、キ

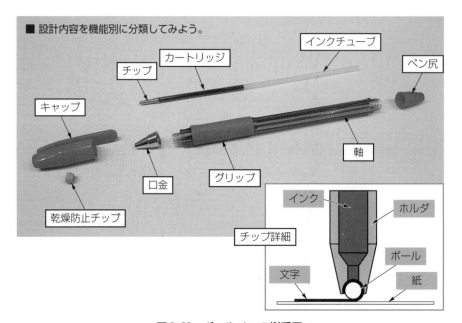

図1-20　ボールペンの樹系図

ャップの中に取り付けられている。ボールペン先端部（チップ）の詳細構造も図示しておく。

既に設計が終わっている製品ではあるが、図示した要素について、自分が最初から設計するつもりで機能分類してみてほしい。

解答例は第4章のケーススタディを見ていただきたい（P. 88）。「機能で分類する」「設計の順番で考える」ことができているだろうか？

第 1 章　手戻りのない設計プロセス

1.4　設計検証（Step-3）—モデリング即、設計検証

　設計検証では、少ない手数で早く問題点を見つける手法が重要である。3DCADで時間をかけて詳細な形状までモデリングしたけれど、問題点を発見するタイミングが遅れたのでは意味がない。3DCADを使ったせいで、手戻りの工数が増えるだけである。

　それよりは、時間をかけずに作成したモデルを使って、手戻りの原因となる問題点を早いタイミングで発見できるならば、そのほうが効率的だろう。ここでは、設計検証に使えるデータを作成するために考慮すべき、部品のモデリングについて説明している。アセンブリの使い方に関しては、次章で詳細に説明する。

1.4.1　ケーススタディ　設計検証を考慮したモデリング

　完成形状をモデリングするだけであれば、どのような方法でも可能である。しかし、設計検証を考慮するのであれば、設計で重要な機能からモデリングするのが基本だ。そうすれば、いつの時点でも、主要な設計機能はそれなりに完成しているはずなので、早いタイミングで設計検証が可能となる。図 1-21 に示すカップを例に説明する。

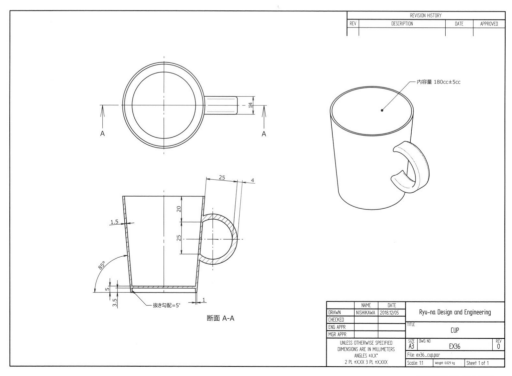

図 1-21　カップの設計

34

1.4 設計検証（Step-3）―モデリング即、設計検証

(1) 内容量の把握

単に形を作るだけであれば、カップの2D断面をスケッチし、回転コマンドなどを使ってモデリングすればよい。多くのモデリングマニュアルにも記載されている方法である。しかし、図面にはカップの高さや直径が記載されていないので、2D図面をそのままトレースする方法ではモデリングできない。下記の仕様に従い、自分で数値を決めながら設計する必要がある。

1. 内容量　　180 cc±5 cc
2. 材質　　　ABS（射出成形）
3. 肉厚　　　2 mm
4. 抜き勾配　5°

まずは、180 ccという量を正しく把握することから始める。単位の［cc］は［cubic cm］つまり［立方 cm］の略なので、体積は180 cm^3 ということだ。内容量を円柱と考えて、おおよその寸法を計算してみる。

円柱の体積＝半径^2×円周率×高さ　なので、半径＝3 cm、円周率≒3(3.14)として、暗算してみる。

円柱の体積（内容量）は、半径^2×高さ＝3^2 cm×3(3.14)×高さ＝27 cm^2×高さ＝180 cm^3 となればよい。

図面にはコップの深さ（円柱の高さ）は記載されていないが、仮に高さを7 cmとする。その結果、円柱の体積(内容量)＝27 cm^2×7 cm＝189 cm^3 となり、おおよその数値を把握できた。

最終的には、抜き勾配で減少する内容量を直径または高さ（深さ）で調整することになるため、この段階で正確な数値は必要ない。内径≒6 cm×深さ≒7 cm程度のカップであることを認識できれば十分である。

(2) 基本形状の作成

カップの内径と深さを仮定したので、図1-22のように回転コマンドを使ったモデリングも可能であるが、それでは設計の初期段階で内容量（180 cc）の確認ができない。カップの形状を作った後で、中に注ぐ「水」のデータを別に作成すれば、内容量のチェックは可能であるが、検証のタイミングが遅れてしまう。これは、カップを「カップの形状」に「水を注ぐ」という製造の順番でモデリングしようとするからだ。

では「水の容量」を包む「カップの形状」という、設計の順番でモデリングすればどうなるだろう。中に入る「水」を円柱で作成してから、シェル（Solid Edgeでは 側壁）コマンドで外側に2 mmの厚みを作成、という手順でモデリングする。このようにすれば、最初に円柱をモデリングした時点で、円柱（水）の体積を確認できるので、初期の段階で内容量の検証が可能だ（図1-23）。さらに、カップがどのような形状になっても対応できる。

第1章 手戻りのない設計プロセス

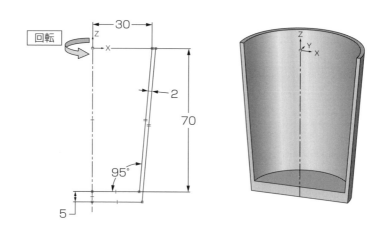

図1-22 回転コマンド

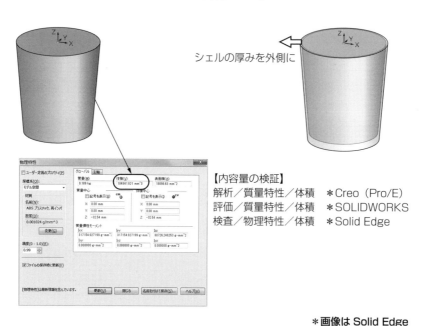

図1-23 水から設計するカップ

(3) 取っ手の作成

取っ手はカップの内側にはみ出すように作れば簡単だ（**図1-24**）。内側にはみ出した取っ手は、最初にモデリングした「水」の表面形状をサーフェスでコピーしておき、最後にカットすればよい。

1.4 設計検証(Step-3)—モデリング即、設計検証

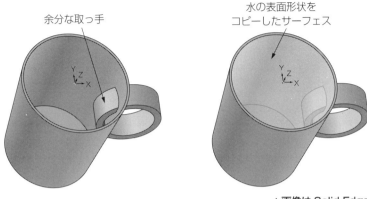

図1-24 余分な取っ手を「水」でカット

「水」の表面形状をコピーする場合は、水の形状が複雑になっても対応できるように、なるべく水の形状に依存しない方法で行なう。3DCADによって方法は異なるが、同じようなことはできると思うので、試していただきたい。

Creo (Pro/E):水の任意の面を選択／ソリッドサーフェス／コピー／貼り付け(水の表面形状がサーフェスコピーされる) ＊水の形状に依存しない
モデル／編集／ソリッド化／材料を除去(ソリッドサーフェスで余分な取っ手をカット)

SOLIDWORKS 挿入／サーフェス／放射状／水の円周エッジを選択
挿入／サーフェス／編み合わせ／放射状サーフェスと別のシードサーフェスを選択 ＊水の円周エッジとシードサーフェスに依存する
挿入／カット／サーフェス使用(編み合わせサーフェスで余分な取っ手をカット)

Solid Edge サーフェス／曲面／コピー／ボデイ(水を選択して、表面形状をサーフェスコピー) ＊水の形状に依存しない
ホーム／ソリッド／差［カップの完成形状］－［水］で余分な取っ手をカット

1.4.2 設計検証を考慮したモデリング3ヶ条

設計検証を考慮したモデリングのガイドラインを、「モデリング3ヶ条」として下記ににまとめておく。樹系図と同様、機能分類と設計の順番に着目した内容となっている。

1. 設計で重要な部分から作る

部品も細かな設計機能の集合なので、設計で重要な機能から、形を考えてゆく過程を

3DCADの中で再現するようなつもりでモデリングすればよい。細かな形状にとらわれず、大きな形状から作るようにすれば、間違いはないだろう。

2. フィーチャを設計機能に対応させる

ひとつのフィーチャ（形状要素）をひとつの設計機能に対応させるようにモデリングする。必然的に、単純な形状要素（円柱や直方体）の組み合わせで、複雑な形状を構築していくことになる。このような方法であれば、2D断面のスケッチも単純な形状（○、□、△、／）だけで十分である。

3. 設計基準を明確にする

何もないところから、設計を開始する重要なポイントが設計基準である。形が完成してから決まる位置は、製造基準・加工基準・測定基準・図面の寸法基準などであることが多い。設計基準とは別の位置にあることも多いので、混同しないように図面に設計基準を明示しておくようにする。

図1-25に示すシャフトを例に、モデリング3ヶ条を説明する。完成形状を作るだけであれば、外形の2D断面を全てスケッチし、回転コマンドで作成すればよい。

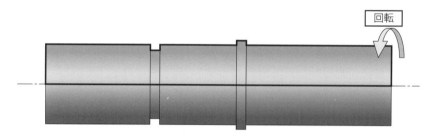

図1-25 複雑なスケッチの回転コマンドは禁止

しかし、このような方法が可能なのは、すでにシャフトの設計が終了して、外形が決まっているからだ。2D図面からのモデリングに慣れてしまった人に、しばしば見られる方法である。設計終了後の外形を使って「立体トレース」しているだけなので、設計検証に活用しているとは言い難く、問題が見つかった際には作り直しになるなど、手戻りの工数も多い。

回転コマンドでは、複雑な2D断面のスケッチになりがちなので、修正や変更に時間を要し、最悪の場合は描き直しになってしまう。データの流用やメンテナンスが困難になる原因となるので、慣れないうちは回転コマンドを禁止にしてもよいくらいだ。

また、加工順をイメージして、素材となる最大外径の円柱から不要な部分を削るようにモデリングする人もいるが、設計検討で最初に欲しい形状は、トルクや回転数などの仕様から決まるシャフトの基本径である。

設計の順番：仕様→基本径→位置決めフランジ→リング取付溝→素材
加工の順番：素材→位置決めフランジ→基本径→リング取付溝

　設計の順番で作成した結果、規格外の素材となる場合は形状や寸法の見直しが必要とな場合もある。しかし、素材が限定されるからといって、素材から設計を始めるわけではない。その場合でも、仕様の見直しから始めて、基本径→位置決めフランジ→リング取付溝→素材、という設計の順番に沿って見直しているはずだ。

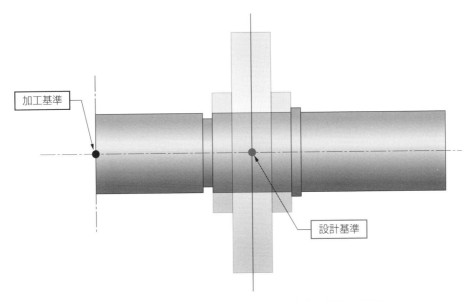

図1-26　シャフトのモデリング（設計基準を明確にする）

　モデリングを始める前に、設計基準を明確にしておこう。図1-26に示すシャフトの場合、設計基準は動力伝達の中心であり、このポイントから設計を開始する。シャフトの端面は形が完成してから決まる位置なので、加工基準や製図での寸法基準である。設計基準とは別なので、混同しないように注意しておきたい。
　設計基準を決定したら、その位置を3DCADのデータ原点とし、図1-27に示す手順でモデリングしていく。このシャフトの場合は、設計の順番とモデリング履歴の順番が同じなので、理解しやすいのではないだろうか。
　モデリング3ヶ条に従って、設計機能とフィーチャを対応させながら、設計の順番で作成していくだけなので、できあがったモデルツリー（履歴）から設計順が推定できる。

第1章 手戻りのない設計プロセス

■ 設計の順番とモデリング後の順番が同じ
- 回転コマンドは複雑なスケッチになりがちなので、使用禁止。その意味を理解して使うのはOK。
- 単純な形状の組み合わせで、設計の順番に従ってモデリングしていく。
- 設計基準は回転中心と動力伝達位置とする。

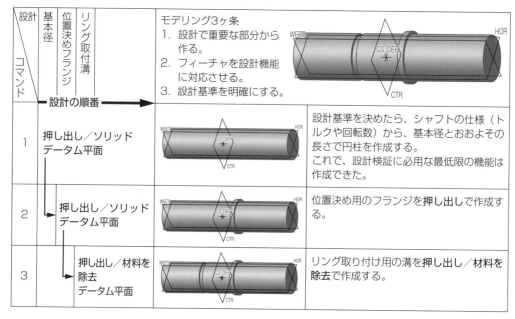

＊コマンドの名称はCreo（Pro/E）

図1-27 シャフトのモデリング手順

1.4.3 定石コマンド

シャフトは切削部品であったが、次に**図1-28**に示す板金部品のブラケットについて、モデリング手順を考えてみる。設計基準は取付面の中心とする。

基本的には設計の順番（基本形状→パイプ押さえ→板金部品→取付けボルト穴→角部の応力緩和）でモデリングするのだが、「角部の応力緩和」に使用する「5. ラウンド」は、モデリングの都合で「3. シェル」の前に挿入している。挿入の結果、設計の順番とモデリング履歴の順番は異なっているとに注意してほしい。

ブラケットのモデリングで使用した**表1-3**の3コマンドを「定石コマンド」と呼ぶ。これらは、他の3DCADでも同じ考え方で使える基本的なコマンドとなっている。

1. 材料を付加：空間にソリッドを作成（材料を付加）するコマンド。設定した作業平面に2D断面をスケッチ（作図）し、押し出しなどの操作でソリッド化する。3DCADの基本的なコマンド。
2. 材料を除去：操作は1. と同じだが、結果は既存のソリッドから材料が除去される。何もない空間から材料は除去できないので、最初のフィーチャには使用できない。
3. 薄板化：すでに存在するソリッドを変形して薄板化する。除去する面を指定し、残った面

1.4 設計検証（Step-3）—モデリング即、設計検証

■ 設計の順番とモデリング後の順番が異なる（フィーチャの挿入）

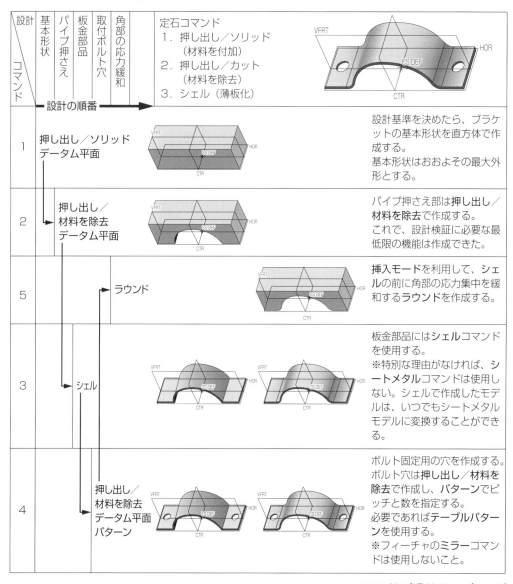

＊コマンドの名称は Creo（Pro/E）

図 1-28　ブラケットのモデリング手順

表 1-3　定石コマンド

内容	コマンド		
	Creo	SOLIDWORKS	Solid Edge
材料を付加	押し出し／ソリッド	押し出し／ボス・ベース	突き出し
材料を除去	押し出し／材料を除去	押し出し／カット	切り抜き
薄板化	シェル	シェル	側壁

第1章 手戻りのない設計プロセス

に一定(もしくは複数)の肉厚を付加する。元の形状を大きく変形することになるが、板金部品や成形品などのモデリングで非常に有用。

定石コマンドを使う場合でも、単純な形状要素の組み合わせで複雑な形状を構築していくことに変わりない。そのようにすれば、2D 断面のスケッチも単純な形状(○、□、△、/)だけを覚えれば十分だ。目安として、**図1-29**のようにスケッチの線要素は4本を超えないようにしよう。それを超える 2D 断面スケッチは複雑であると判断してもよい。

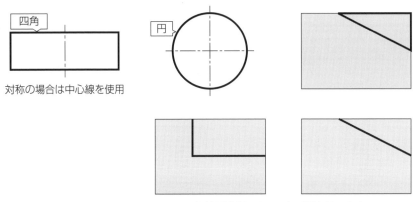

図1-29　2D 断面スケッチは4要素以内

1.4.4　解析のタイミング

最後に、**図1-30**に示す軸受のモデリング手順を考えてみる。ひし形の取付フランジが気になって、そこからモデリングを始める人も多い。しかし、取付フランジは軸受として重要な機能ではない。設計で重要な機能は軸を受ける部分なので、モデリングも「軸穴」から始めたいところである。ただ、何もない空間に「軸穴」は作成できないので、軸穴と密接に関係する「軸受外径」からモデリングを開始する。設計基準は軸の荷重中心とした。

設計の順番(軸受外径→軸穴→取付フランジ→ボルト穴→不要部分の除去)でモデリングした場合、「2. 軸穴」の後で「3. 取付フランジ」を作成すると「2. 軸穴」が塞がってしまう。

このように、設計の順番でモデリングしていくと、モデリング履歴に不都合が発生するので、「3. 取付フランジ」の後に「2. 軸穴」(もしくは、「2. 軸穴」の前に「3. 取付フランジ」)を順序変更すればよい。順序変更の結果、設計の順番とモデリング履歴の順番は異なる結果になってしまったが、あくまでも「設計順でモデリング」していることに注意してほしい。

設計で重要な部分から作成していれば、途中で CAE を利用することも効果的だ。**図1-31**では、「4. 取付フランジ」を作成した時点で、軸に荷重を加えた際の応力を解析している。

1.4 設計検証（Step-3）—モデリング即、設計検証

■ 設計の順番とモデリング履歴の順番が異なる（順序変更）

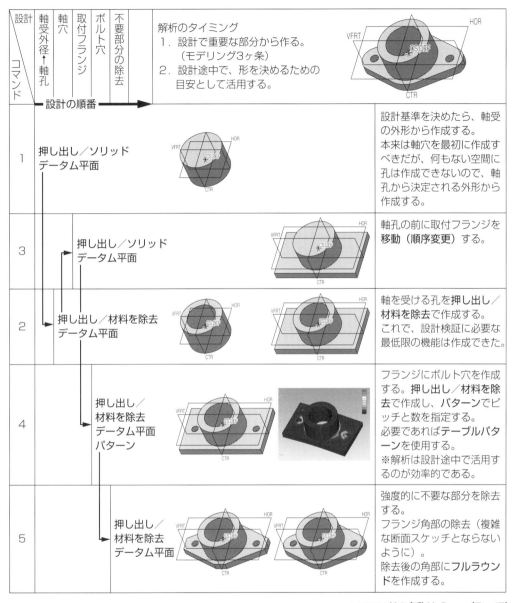

設計 コマンド	軸受外径←軸孔	軸穴	取付フランジ	ボルト穴	不要部分の除去	解析のタイミング／図	説明
	←─── 設計の順番 ───→					1．設計で重要な部分から作る。（モデリング3ヶ条） 2．設計途中で、形を決めるための目安として活用する。	
1	押し出し／ソリッド データム平面						設計基準を決めたら、軸受の外形から作成する。本来は軸穴を最初に作成すべきだが、何もない空間に孔は作成できないので、軸孔から決定される外形から作成する。
3			押し出し／ソリッド データム平面				軸孔の前に取付フランジを**移動（順序変更）**する。
2		押し出し／材料を除去 データム平面					軸を受ける孔を**押し出し／材料を除去**で作成する。これで、設計検証に必要な最低限の機能は作成できた。
4				押し出し／ 材料を除去 データム平面 パターン			フランジにボルト穴を作成する。押し出し／材料を除去で作成し、**パターン**でピッチと数を指定する。必要であれば**テーブルパターン**を使用する。 ※解析は設計途中で活用するのが効率的である。
5					押し出し／ 材料を除去 データム平面		強度的に不要な部分を除去する。 フランジ角部の除去（複雑な断面スケッチとならないように）。 除去後の角部に**フルラウンド**を作成する。

＊コマンドの名称は Creo（Pro/E）

図 1-30　軸受のモデリング手順

第1章　手戻りのない設計プロセス

■ 設計途中で、物の形を検討するために活用する。

＊画像は Creo Simulate
図 1-31　CAE を使った軸受の解析

　解析の結果、フランジの角部については強度的に不要と判断できる。もし、軽量化やコストダウンの必要があれば、この部分は除去してもよい。CAE は最終形状での検証も重要であるが、細部まで作り込んだモデルでは計算時間もかかるし、問題点が発見された場合の手戻り工数も多くなってしまう。しかし、モデリング3ヶ条に従って重要な部分から作成していれば、設計途中で物の形を決めていく目安として、CAE を活用できる。問題点が見つかっても、少ない手戻り工数で効率的に対応できるだろう。

第 2 章

3DCAD を活用した設計検証

　本章では、樹系図や 3DCAD を活用した機械や製品全体の設計検証について、第 1 章で紹介した「2 足歩行ロボット」を例に説明する。少ない手数で早く問題点を見つけるために、下記の手順に従って検証作業を進める。モデリングやアセンブリだけでなく、図面（検討図）の使い方にも工夫が必要だ。

　Step-0．共同作業の設定
　Step-1．空ファイルの作成
　Step-2．空ファイルのアセンブリ
　Step-3．1FT 目・ベースソリッドの作成
　Step-4．アセンブリのレイアウト調整
　Step-5．質量特性の検証
　Step-6．干渉チェックと CAE による解析

2.1 ファイルの準備

　設計検証では、部品のモデリングを始める前に、機械や製品全体を管理できる仕組みを準備しておくのが基本だ。最初に、必要なファイル（部品・アセンブリ・図面）を空の状態で作成し、それらでアセンブリを構築する。アセンブリのデータ構造は、構想設計で作成した樹系図のツリー構成をそのまま利用すればよい。部品をモデリングしてからアセンブリに組み付けるのではなく、先にアセンブリの枠組みを準備してから部品のモデリングを始める、という手順で進めてほしい。

　3DCADを使う際にありがちな、先に3Dモデルだけを完成させてから、最後にまとめて図面を作成するような使い方をしてはいけない。図面はモデリング途中の形状・寸法をチェックした結果を都度記載するための便利なツールである。効率的に使うため、3Dモデルと図面は同時に作成していくのがよい。そうしないと、自分自身でさえ（他人ならばなおさら）モデリング途中の形状・寸法を検証できないはずだ。

2.1.1　共同作業の設定（Step-0）

　複数人で、3DCADを使用した設計検証を行なう場合、同時に並行作業ができるような環境を準備しておくとよい。既にPDMなどのデータ管理システムを導入している企業では、その環境を利用するのが簡単だ。しかしPDM環境がなくても、適切な樹系図の分類に従ってファイルの担当を決め、作業フォルダの作成とデータの排他処理を理解していれば、共同作業は可能である。

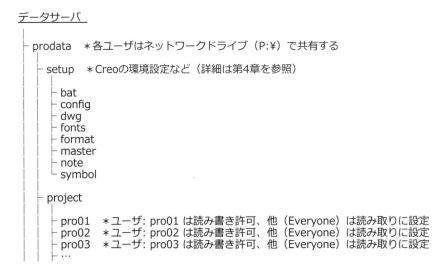

図2-1　Creo（Pro/ENGINEER）で共同作業をする場合のフォルダ構成例

2.1 ファイルの準備

　筆者が設計プロセス教育などを実施する場合、PDM 環境を利用できるとは限らないので、事前に図 2-1 のようなフォルダ構成と環境を準備してもらっている。排他処理は Windows などの OS に備わっている機能を利用するので、3DCAD の種類には関係ない。

作業フォルダの作成と排他処理

　具体的には、設計者毎の作業フォルダを作成し、ユーザ毎のアクセス許可を設定することにより、データの排他処理を行なう（図 2-1）。この設定によって、他人の作業フォルダにあるデータは読み込めるが、書き込みはできない状態となる。もし間違って他人のファイルを保存しても、書き込みは拒否されるので安心して作業できるはずだ。

1. ユーザ毎にログインアカウントを作成（もしくは既存のアカウントを使用）する。
2. データサーバにユーザ毎の作業フォルダを作成する。
3. 作成した作業フォルダにログインアカウント毎のアクセス許可を設定する。

2.1.2　空ファイルの作成（Step-1）

　構想設計で作成した樹系図**図 2-2**、**図 2-3** など（全ての樹系図を例示しているわけではない）

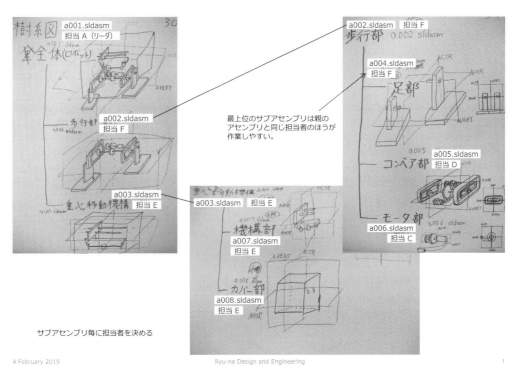

図 2-2　樹系図（上位階層）

第 2 章　3DCAD を活用した設計検証

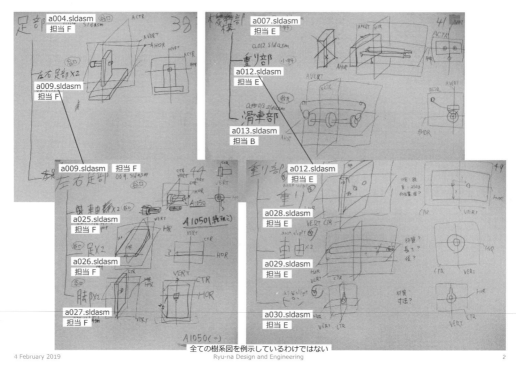

図 2-3　樹系図（部品）

表 2-1　担当分けの例（SOLIDWORKS）

担当者	アセンブリ（.sldasm）	部品（.sldprt）	ファイル数
担当 A（リーダ）	a001	a016	2
担当 B	a013、a035、a036	a037、a038、a039、a040、a041、a042、a043	10
担当 C	a006、a014、a011	a022、a023、a024、a017、a018、a019	9
担当 D	a005、a010、a020、a021	a033、a034、a044、a049	8
担当 E	a003、a007、a012、a008	a028、a029、a030、a031、a032	9
担当 F	a002、a004、a009	a025、a026、a027、a025	7

から、必要なファイルおよびその構成が把握できる。複数人で作業する場合は表 2-1 のように、機能分類（サブアセンブリ）毎に担当者を決める。リーダーは機械や製品全体を管理するため、部品の担当は少なくし、主としてトップアセンブリを担当するのがよい。

　ファイルの分担を決めたら、設計検証に必要なファイル表 2-2 を全て作成する。部品のモデリングは行わず、空の新規ファイルのみであることに注意してほしい。実際の機械や製品では、必要なファイル数が百〜数千となるので、この時点でモデリングを始めてしまうと、全てのフ

表 2-2　新規ファイルの作成

ファイル	作成するファイルの例			備考
	Creo（Pro/E）	SOLIDWORKS	Solid Edge	
部　品	a028.prt	a028.sldprt	a028.par	＊関連付け
部品図	a028.drw	a028.slddrw	a028.dft	
アセンブリ	a001.asm	a001.sldasm	a001.asm	＊関連付け
検討図	a001.drw	a001.slddrw	a001.dft	

ァイルを作成し終えるのに時間がかかりすぎるからだ。まずは、早く「入れ物」だけを作ることに注力しよう。

　同時に図面も作成し、部品と部品図、アセンブリと検討図の関連（親子関係）付けをしておく。図面には正面図（正面ビュー）だけを貼り付けておけばよい。

　作成した部品やアセンブリには、部品名や図番などの属性情報（パラメータ・プロパティ）を設定しておく。必要な属性項目は各企業で異なると思うが、代表的なものを表 2-3、表 2-4、表 2-5 に示しておく。

　部品・アセンブリ・図面の各ファイル間には図 2-4 に示す親子関係があるので、適切な設定を準備しておけば、図面枠の表題欄や部品表などに表示することができる。これらの連携があ

表 2-3　Creo（Pro/ENGINEER）のパラメータ設定例

内容	項目	設定値（例）	備考
材　料	材料	SS400	材料リストから選択
	material	SS400	キー入力
密　度	質量特性	0.00785 g/mm³	選択した材料の密度が設定される
	質量特性／密度	0.00785 g/mm³	キー入力
部品名	part_nme	フレーム	
図　番	drawing_code	A028	
設計者	designed	NISHIKAWA	

表 2-4　SOLIDWORKS のプロパティ設定例

内容	項目	設定値（例）	備考
材　料	材料編集	SS400	材料リストから選択
密　度		0.00785 g/mm³	選択した材料の密度が設定される
部品名	part_nme	フレーム	
図　番	drawing_code	A028	
設計者	designed	NISHIKAWA	

第2章 3DCADを活用した設計検証

表2-5 Solid Edgeのプロパティ設定例

内容	項目	設定値（例）	備考
材料	材質テーブル	ABS	材料リストから選択
密度		0.00102 g/mm³	選択した材料の密度が設定される
部品名	概要／タイトル	PIPE	
図番	概要／プロジェクト	A028	
設計者	概要／作成者	NISHIKAWA	

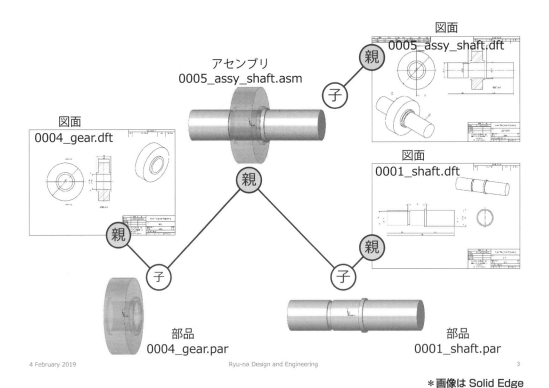

図2-4 ファイルの親子関係

るおかげで、部品の形状や属性値を変更すれば、その内容は親であるアセンブリにも図面にも自動的に反映されることになる。

　ただし、親子関係はファイル名によって認識されているので、作成したファイル名を安易に変更してはいけない。どうしても必要な場合は、3DCADに用意されている「親子関係を保ったままファイル名を変更する機能」を使用する。とはいえ、ファイル名の変更はトラブルの原因になりやすいので、親子関係を十分に理解したうえで作業してほしい。

2.1.3 空ファイルのアセンブリ（Step-2）

必要な空ファイルを全て作成したら、それらを樹系図の構成に従って、アセンブリに組み付けていく。拘束条件は付けずに、適当な位置に仮配置しておけばよい。複数使用する部品は、その個数だけ組み付ける。

作業が完了した時点で、トップアセンブリのデータを更新（SOLIDWORKS では、ファイル／再読み込み）すると、全てのファイルがリンクされて**図 2-5** のように見えるはずだ。この時点で、3DCAD の中に樹系図が再現されたことになる。

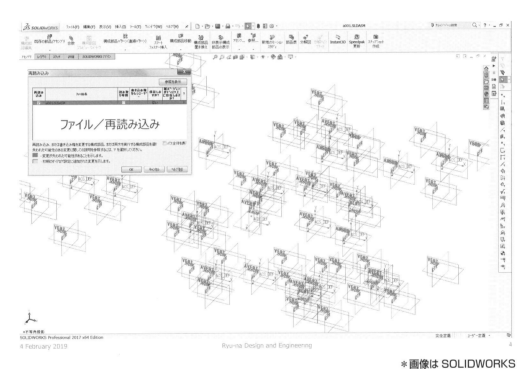

図 2-5 空ファイルのアセンブリ

＊画像は SOLIDWORKS

部品表のチェック

ファイルのリンク関係は、アセンブリ図面（検討図）に部品表**図 2-6** を作成して確認するとよい。

部品表には、部品名や材料などの属性値（パラメータ・プロパティ）を表示できるように関連付けをしておけば、入力漏れや間違いの発見が容易だ。部品表の内容に問題がなければ、機械や製品全体を管理する仕組み（アセンブリ）が完成したことになる。複数人で共同作業する場合は、リーダがトップアセンブリを使って、進捗や設計内容を管理すればよい。

モデリングした部品を都度アセンブリへ組み付ける方法では、いつまで経っても全体構成が

第2章 3DCADを活用した設計検証

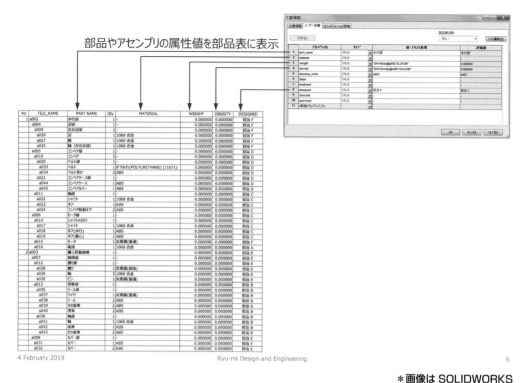

図2-6 部品表のチェック

見えないし、どこまで作業が進んでいるかも把握できない。問題点が見つかるのは、ようやく全体が完成してからとなるので、発見が遅れた分だけ手戻り工数も多くなってしまう。

しかし、先にアセンブリ構成を作成しておく方法であれば、リーダは常に全体構成や進捗を管理できるので、早い時点で問題点の発見が可能になる。結果的に、手戻り工数も少なくできるのではないだろうか。

2.2 レイアウトの検証

ファイルの作成とアセンブリのリンクを完了させてから、新規部品のモデリングを始める。ただし、この時点では円柱または直方体でおおまかな形状を 1FT（フィーチャ）作成するだけで十分だ。全ての部品に 1FT を作成した状態で、おおよその位置に配置し、機械や製品全体の構成に矛盾や問題がないか、レイアウトの検証を行なう。さらに詳細な部品配置の調整には図面を利用し、チェックした部分の寸法などを記載しておくとよい。

2.2.1　1FT目・ベースソリッドの作成（Step-3）

アセンブリで構成部品やサブアセンブリのレイアウトを調整するために、部品内に 1FT 目のベースソリッドを作成する。モデリングの際は樹系図に記載したポンチ絵を参考にして、設計基準（基準平面・座標系）の位置や方向を間違えないようにしよう（図2-7）。

ベースソリッドは、本書の第1章1.4節で説明したように、設計で重要な部分を円柱または直方体のみで作成したものである。この時点で詳細寸法まで決っていることは少ないので、お

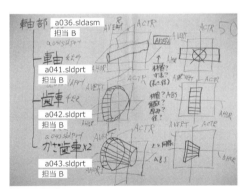

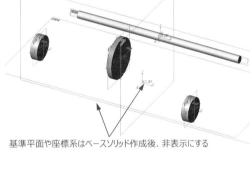

基準平面や座標系はベースソリッド作成後、非表示にする

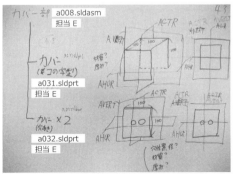

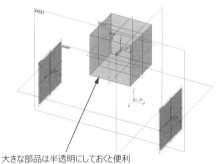

大きな部品は半透明にしておくと便利

＊画像は SOLIDWORKS

図2-7　ベースソリッドの作成

およその寸法で作成しておくとよい。ただし、仕様で寸法が決まっている部品はその値に従って作成する。

　機械や製品の全体構成を少ない手数で早く検証するのが目的なので、この時点で詳細形状までモデリングしてはいけない。全体構成に問題が見つかった場合、細かく作り込んでしまった部品は結局作り直しとなり、手戻りの工数が増えてしまうからだ。部品の形状は円柱・直方体で良いので、全ての部品にベースソリッドを作成し、早くレイアウト調整のステップに進むことを優先させる。

　後工程の操作で扱いやすいように、部品には任意の色を設定しておく。実物と同じリアルな色を使用する必要はなく、アセンブリ内の部品同士が区別しやすければ十分だ。加えて、ベースソリッド以外の補助要素（基準平面・座標系など）は非表示にしておこう。

2.2.2　アセンブリのレイアウト調整（Step-4）

　全ての部品にベースソリッドを作成したら、アセンブリ内の構成要素（部品やサブアセンブリ）を適切な位置に調整していく。仕様で配置寸法が決まっているものはその位置に、周辺構造との調整が必要なものはおおよその位置に仮置きすればよい。機械や製品の動作に関係する構成要素は、どのようなタイミングで検証するのかを明確にしたうえで、タイミングチャート

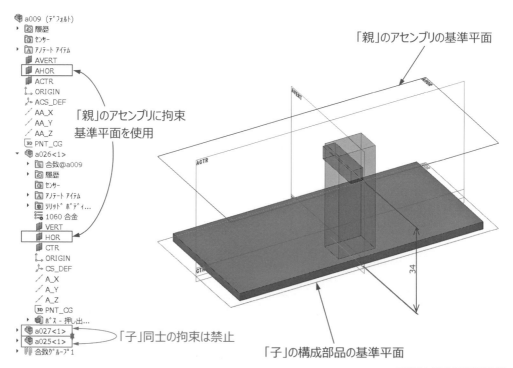

図2-8　レイアウト調整

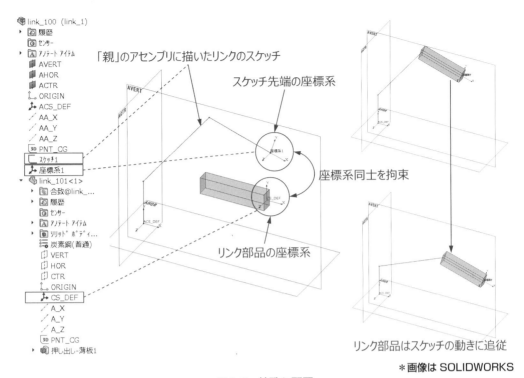

図 2-9　特殊な配置

を参照しながら、正しい位置に配置する。

　配置調整する構成要素は、親のアセンブリに対してのみ拘束条件を付加し、子の部品同士やサブアセンブリ同士には拘束条件を付けない。また、拘束に使用する要素は基準平面のみとし、部品の面を使用した拘束は避ける（**図 2-8**）。この段階で、構成要素同士を拘束したり、拘束に部品の面を使用すると、設計検討で部品の交換や形状変更が生じた場合にエラーとなりやすいからだ。

　特殊な配置（角度配置、リンク機構など）については基準平面以外に、座標系・カーブ・スケッチ・軸なども拘束に利用することがある。ただし、親のアセンブリに対して拘束し、子の構成要素同士の拘束は避ける、という原則は同じである（**図 2-9**）。

【図面での寸法チェック】

　おおまかなレイアウト調整は目視でも可能だが、詳細な位置の調整には 2D 図面を利用するのが便利だ。正面図以外に、側面図・平面図・2D 断面図などのビューを作成し、配置調整に関連する部分の寸法を図面に記載する。現状の寸法が把握できるので、その数値を見ながらアセンブリ内で構成要素の位置や部品の寸法を変更すればよい（**図 2-10**）。

　このように並行して 2D 図面（設計検討図）を作成すれば、設計者自身が気になってチェックした箇所には寸法が追記されていくことになる。寸法が記載されている箇所は何らかの設計

第 2 章　3DCAD を活用した設計検証

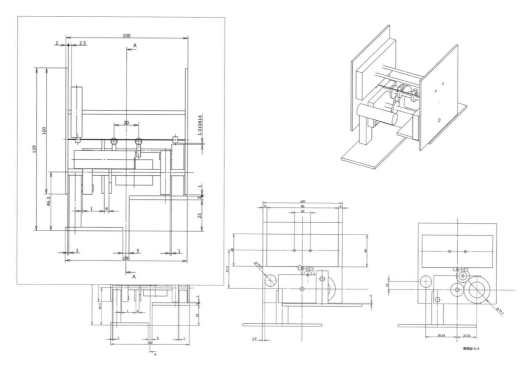

＊図面は SOLIDWORKS

図 2-10　図面での寸法チェック

検討を行なった証拠とも言えるので、任意のタイミングで設計検討図を持ち寄り、該当部分に対して検図や DR を実施すればよい。

　3DCAD の機能として「測定」コマンドは用意されているが、測定結果はその場限りであるし、アノテーションとして記録を残すとしても、2D 図面ほどの一覧性は望めない。設計途中での検図もできないので、筆者はアセンブリの配置調整と並行して設計検討図を作成する方法をお薦めする。

　実際に 2D 図面を積極的に利用してみると、円柱や直方体だけの部品で構成された機械や製品であっても、初期の段階で大きな問題点は十分に検証できることが実感できるだろう。これは、ドラフタや定規と鉛筆を使って設計していた頃の進め方と全く同じである。ツールが変わったからといって、設計の進め方が変わるわけではない。異なるのは、3D モデルと 2D 図面が連携していることにより、検証作業の効率が格段に向上していることだ。

2.3 質量特性の検証（Step-5）

　全体のレイアウトに大きな問題がなければ、早い時点で機械や製品全体の質量を見積っておきたい。円柱や直方体のベースソリッドだけでは正確な質量が不明とはいえ、部品を詳細な形状まで作り込んで、正確な質量を計算するためにはそれなりの工数が必要だ。その時点で、目標の質量や重心位置を満足できないことが判明しても、検証のタイミングとしては遅くなり、詳細形状のモデリングに費やした工数は無駄になってしまう。
　ここでは、2FT目としてシェルを追加することにより、最低限の工数で最終的な質量を見積る方法を説明する。

2.3.1　2FT目・シェルの作成

　レイアウトの検証を終えた状態では、機械や製品を構成する部品が円柱や直方体のベースソリッドだけなので、完成状態に対して質量が過大となっている。最終的には中空であるべき部

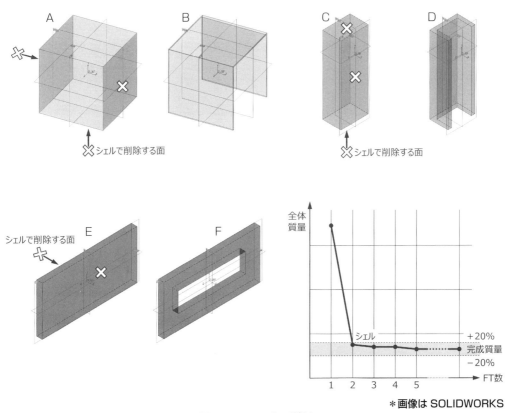

図2-11　シェルの利用

品が中実になっていることが原因だ。そこで、2FT目として「シェル」を追加することにより、過剰な体積を取り除く。

少ない手数で最終的な質量を見積ることが目的なので、最終形状にはあまりこだわらず、平均肉厚でおおよその形状となるように薄板化すればよい。図2-11にシェルで削除する面と薄板化された結果の例を示す。これ以上詳細に作り込んでも、機械や製品全体の質量に大きな影響はないので、構想設計時点の見積りには十分である。

2.3.2　質量・重心のチェック

必要な部品にシェルを追加したら、機械や製品全体の質量をチェックしてみる。この時点で、目標質量に対して±20％程度の誤差であれば安心だ。図2-12のグラフに示すように、シェルを追加した後の全体質量は詳細形状をモデリングしても、それほど変化しない。

逆にいうと、目標質量に対して±20％以上乖離しているようであれば、多少の肉盗み程度の対策では目標値に届かない。おそらく、構想設計の初期段階までさかのぼって、構造や機構のアイデアから見直す必要があると思われる。場合によっては、仕様の見直しまで必要になって

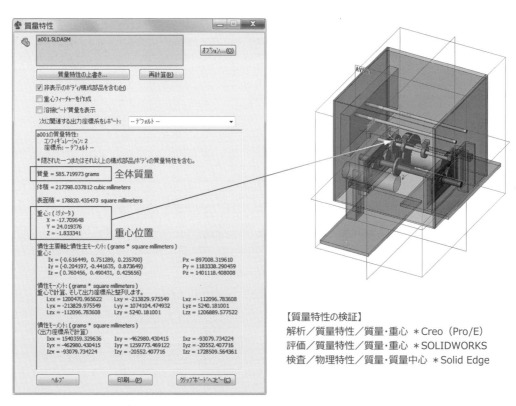

【質量特性の検証】
解析／質量特性／質量・重心　＊Creo（Pro/E）
評価／質量特性／質量・重心　＊SOLIDWORKS
検査／物理特性／質量・質量中心　＊Solid Edge

＊画像はSOLIDWORKS

図 2-12　質量特性の検証

2.3 質量特性の検証（Step-5）

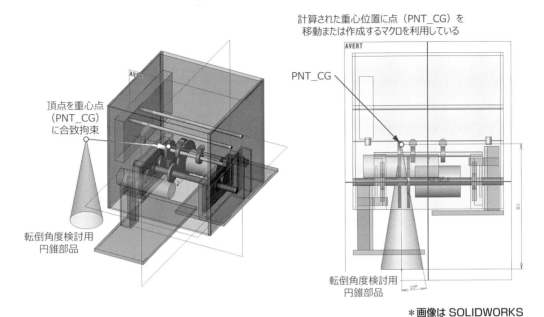

図 2-13 重心位置の検証

くるかもしれない。

重心位置が重要な機械や製品については、必ずこの時点でチェックしておく。質量が目標値の±20％以内であれば、重心位置もほぼ正しいと予想できる。図2-13は片足で接地している2足歩行ロボットの重心位置と転倒角度（10°以上）の検証例を示す。

【転倒角度の検証手順】
1. 質量特性で重心位置を計算する。
2. 重心位置に点（PNT_CG）を作成する（事前に作成しておいた点を移動する）。
3. 頂点角度10°（片側）の円錐部品をサーフェスで作成する。
4. 円錐部品を2足歩行ロボットのトップアセンブリに組み付ける。
5. アセンブリの拘束条件で、点（PNT_CG）と円錐部品の頂点を合致させる。

検証の結果、接地している足裏の範囲内に円錐部品が収まっていれば、転倒角度の条件は満足していることになる。

3DCADの機能によっては、重心位置やその座標が表示されていても、それらをアセンブリの拘束に利用できないこともあるので注意が必要だ。今回の例（SOLIDWORKS）では、事前に作成しておいた点（PNT_CG）を、質量特性で計算された重心位置に移動するマクロを利用した。他の3DCADでも、下記のようにリレーションなどを利用して、重心位置に点を配置することができる。

第 2 章　3DCAD を活用した設計検証

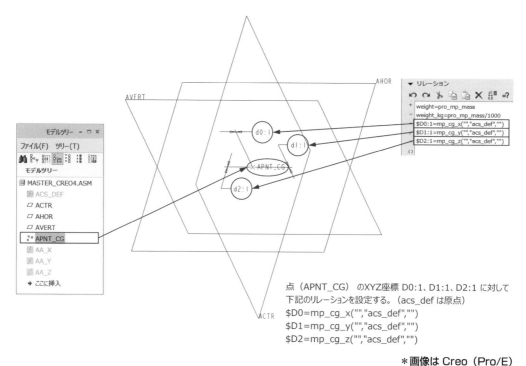

図 2-14　重心位置に点を移動（アセンブリ）

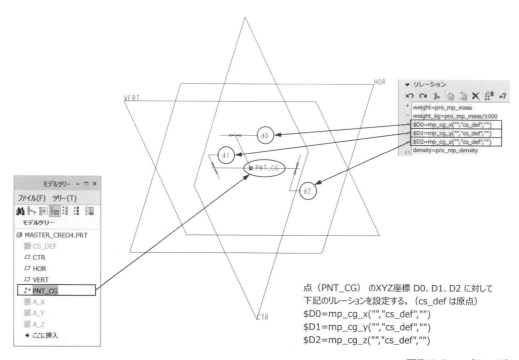

図 2-15　重心位置に点を移動（部品）

2.3 質量特性の検証（Step-5）

重心位置に点（APNT_CG、PNT_CG）を移動するリレーション　＊Creo（Pro/E）
重心位置に点（PNT_CG）を移動（作成）するマクロ　＊SOLIDWORKS
重心位置に点（PNT_CG）を移動するリレーション　＊Solid Edge

例として、Creo（Pro/E）で、事前に作成しておいた点（APNT_CG、PNT_CG）を重心位置にに移動するリレーションを紹介しておこう。

図 2-14、**図 2-15** はアセンブリおよび部品のテンプレートファイルに点（APNT_CG、PNT_CG）を作成し、その XYZ 座標に質量特性で計算された重心位置の XYZ 座標を代入するリレーションを設定している。

2.4 干渉チェックとCAEによる解析（Step-6）

　質量特性の検証が終わったら、アセンブリ全体で干渉チェックを実施する。干渉結果を確認し、3FT目以降の「カット」などを追加しながら、大きく干渉している部分を優先して対応を進める。特に、CAEで解析する部分は干渉部分をなくしておくと問題が少ない。

　干渉チェックを行いながら数フィーチャ作成したら、簡易形状のうちに基本的な強度や固有値などを確認し、以降の形状や構造の目安としておきたい。

2.4.1 干渉チェック

　干渉チェックを実施すると、干渉部分が画面上でハイライトされ、干渉体積や部品の情報も知ることができる（図2-16）。干渉箇所の状況によって、3FT目以降の「カット」で干渉部分を除去するか、もしくは部品寸法を変更するか、などの対応を行なう。

　目視で干渉部分を認識できるところは、3DCADの干渉チェック機構を使うまでもないのだが、「思わぬところが干渉していた」といった部分にこそ着目したい。詳細な形状を作り込むほど、そういった部分が増えてくるので、干渉は毎日チェックしてもいいくらいだ。特に、外部へデータを出図する前には、必ず実施しておくことを薦める。筆者も何度か経験しているが、自身は大丈夫だと思っていても、たいていどこかに干渉が見つかるものである。

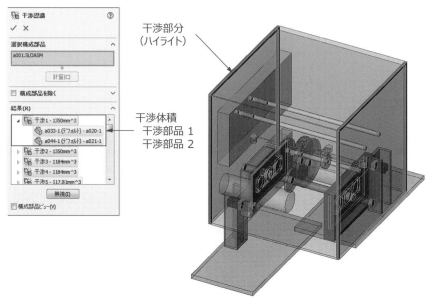

＊画像はSOLIDWORKS

図2-16　干渉チェック

2.4 干渉チェックとCAEによる解析(Step-6)

2.4.2 CAEによる解析

図2-17は筆者が設計プロセス講習で使用する「コップ交換器」の課題である。質量制限が厳

- 水入りの紙コップ(100杯)を、テーブルA←→B間で交換する。
- 交換時間は100秒を超えない。
- いかなる場合でも水をこぼさないこと。
- 機械の全質量は70kg以内とする。
- 機械の動作範囲と設置範囲は1,000mm×3,000mm以内の投影面積とする。

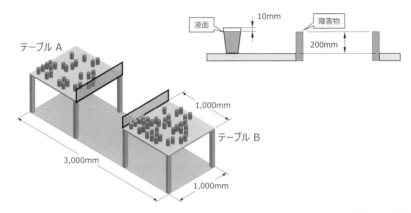

＊画像はANSYS

図2-17 コップ交換機の設計

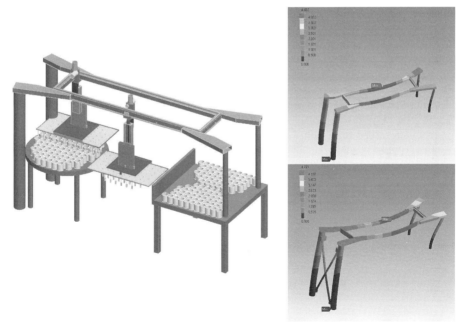

＊画像はANSYS

図2-18 CAEの利用

しく、コップ内の水をこぼしてはいけないという条件なので、固有振動数が問題となる例だ。この課題も、2FT目までのモデリングで質量・重心の見積りが可能であるし、3FT目で干渉をなくしておけば、CAEを使った解析が可能となる。

　設計の初期段階で試行錯誤を行なうほど、手戻り工数は少なくなる。この時点で、後々大きな手戻りを発生させるような問題点を見つけて、対策しておくのが重要だ。CAEによる解析も、早い時点で形状や構造の目安をつけるために利用するとよい。図2-18はフレームの構造を変更しながら、固有値解析の結果を確認している。

第 3 章

モデリングメソッド

　本章では設計検証を考慮したモデリングメソッドを紹介する、そのうちいくつかのメソッドについては、具体的なモデリング例をあげて説明する。3DCAD の種類によって、コマンドの名称やオプションなどに若干の違いはあるが、基本的な考え方は同じだ。
　モデリングメソッドの内容は第 1 章で紹介した「3DCAD 活用自己診断シート」および「3DCAD 活用べし・べからず集」の内容を分類・系統化したツリーとなっているので、自己診断結果とともにより深く理解していただけたらと思う。

3.1 モデリングの基本

図 3-1 に設計検証を考慮したモデリングメソッドの全体像を示す。モデリングテクニックだけでなく、前後の工程や周辺知識に至るまで幅広い知識を咀嚼し、理解する必要がある。

モデリングメソッドの中心となっているのは「モデリング3ヶ条」である。内容については本書の第1章 1.4.2 項で説明しているが、あらためて項目だけを記載しておく。

> モデリング3ヶ条
> 1. 設計で重要な部分から作る。
> 2. フィーチャを設計機能に対応させる。
> 3. 設計基準を明確にする。

上記のルールは、フィーチャベース・パラメトリック系の 3DCAD を前提にしたものである。とはいえ、ノンヒストリー系の 3DCAD でも、履歴に関する操作(フィーチャの挿入や順序変更など)以外は、同じ考え方で応用が可能だと思う。ここではいくつかの例を紹介しながら、モデリングの基本について説明していきたい。

3.1.1 単純な 2D 断面スケッチを使用

単純な形状要素を組み合わせて複雑な形状を構築していく方法は、フィーチャベースの 3DCAD において基本的な考え方だ。これはモデリング履歴の有無に関わらず、設計の順番でモデリングすることや、設計機能とフィーチャを対応させることのためにも必要な要件となる。

3DCAD では、平面にスケッチした 2D 断面を押し出すなどの方法で、立体形状を作成しているが、多くは複雑なスケッチになっていることが多い。複雑なスケッチになっている場合、その 2D 断面形状には、おそらく複数の設計機能が含まれている。

これでは部品の機能を分解できないので「形を考えてゆく過程を 3DCAD の中で再現するようなモデリング」は不可能だ。結果的には、設計が終わったものをトレースするだけの作業に陥りやすい。

(1) ブロックフレーム

例として図 3-2 のブロックフレームをモデリングしてみよう。3DCAD の操作トレーニングで、様々なスケッチ方法を練習するせいもあるのだろうか、何も注意しないと複雑なスケッチを使ったモデリングとなってしまう(図 3-3)。

しかし、実際にはこんな形を一気に考えているものではない。少なくとも新規部品の設計で

3.1 モデリングの基本

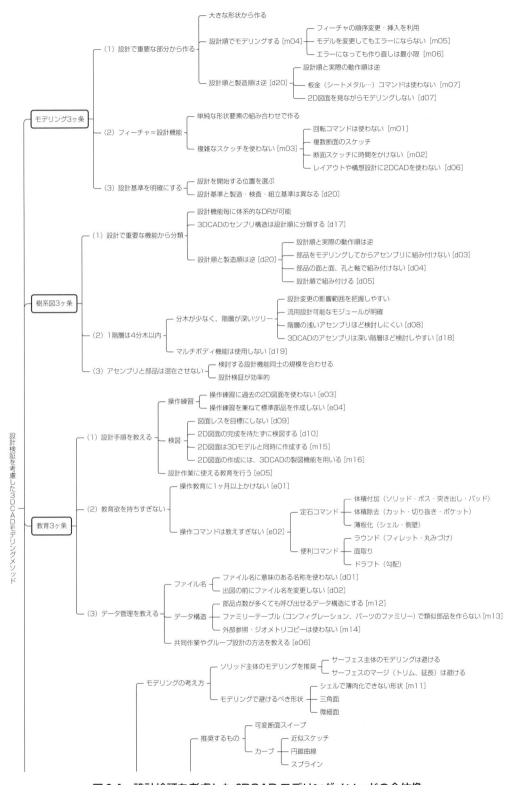

図 3-1 設計検証を考慮した 3DCAD モデリングメソッドの全体像

第3章　モデリングメソッド

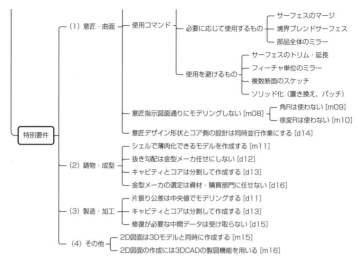

図 3-1　設計検証を考慮した 3DCAD モデリングメソッドの全体像（つづき）

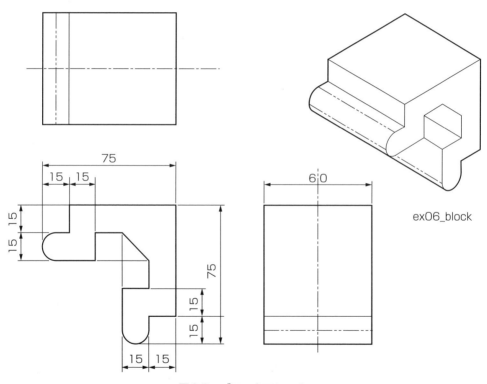

図 3-2　ブロックフレーム

あれば、大まかな形状から考えるはずだ。仮にトレースだけのモデリングだとしても、より良い方法があるのではないだろうか

　同じブロックフレームを単純なスケッチと形状の組み合わせでモデリングしてみた。その手

3.1 モデリングの基本

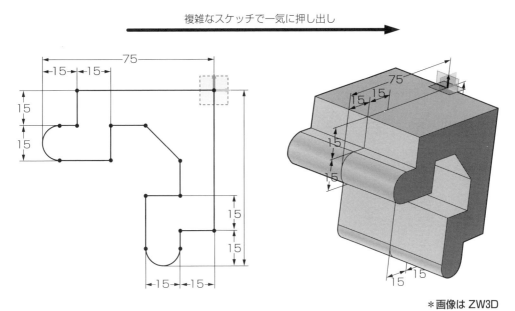

図3-3 ブロックフレームのモデリング（複雑なスケッチ）

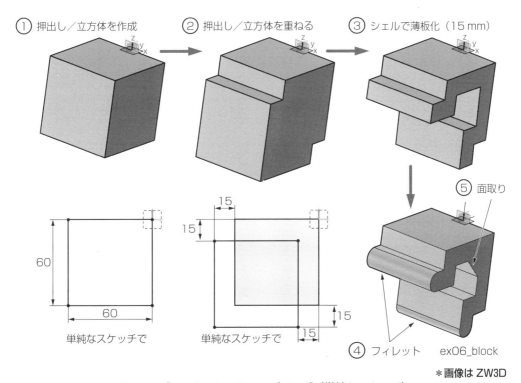

図3-4 ブロックフレームのモデリング（単純なスケッチ）

順を図3-4に示す（コマンドの名称はZW3D）。

①② 断面スケッチは四角形を使用し、2個のフィーチャ（立方体）で基本形状を作っている。

69

第3章　モデリングメソッド

立方体が重なった部分は一体化（ブーリアン・和）されているので、質量などが重複することはない。

③ シェルを利用して、複雑なスケッチを回避しながら、必要な肉厚を作成している。シェルコマンドは薄肉のカップや箱状の部品を作るもの、というイメージが強いのか、このような使い方をする人は少ないようだ。シェルの厚さ指定に制限はない（モデリングで矛盾しない限り）ので、有効な場合は使ってみてほしい。

④ 細かな形状については、フィレットや面取りを利用すればよい。使ったスケッチは単純な四角形だけである。複雑なスケッチで一気に押し出したもの図3-3よりは簡単にモデリングできるし、形を考えていく過程が3DCADの中に再現されているのがわかると思う。結果的に、単純な形状の組み合わせとなり、変更や流用も容易である。

(2) 斜面ブロック

次に斜面のあるブロック図3-5のモデリングについて考えてみる。使用する3DCADやコマンドによって種々の方法はあるが、ここでは定石コマンドを使ったシンプルなモデリング手順（図3-6）を説明しておこう（操作コマンドの名称はZW3D）。

① 正方形のスケッチと押し出しで立方体（ブーリアン・独立）を作成し、これを基本形状

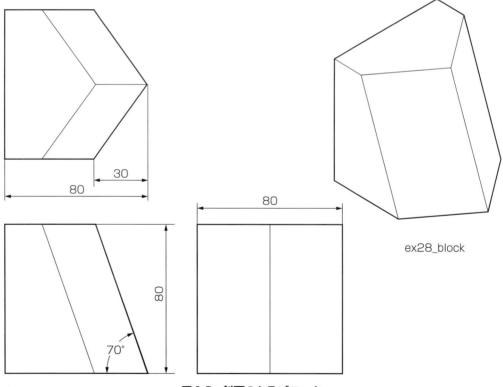

ex28_block

図3-5　斜面のあるブロック

3.1 モデリングの基本

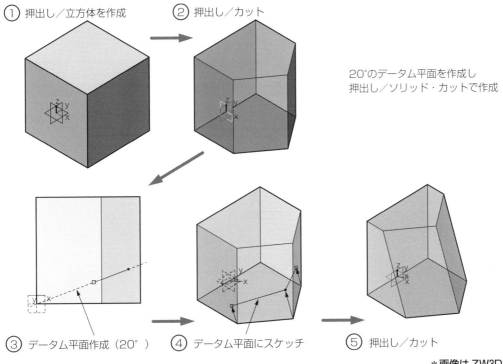

図 3-6 斜面ブロックのモデリング

とする。

② 底面の形状・寸法は図面で指定されているので、折れ線をスケッチし、基本形状を押し出しでカット（ブーリアン・差）する。スケッチは閉じた断面が基本であるが、領域を完全に分割できる場合に限り、折れ線も使用可能だ。

③④ 斜面をカットするためのスケッチ面として、20°のデータム（基準）平面を作成する。作成した平面に折れ線をスケッチし、底面の外形と一致するように拘束する。

⑤ 押し出し／カット（ブーリアン・差）で斜面を作成する。

3.1.2 板金部品

たいていの 3DCAD に板金（シートメタル）専用コマンドが備わっているせいか、板金部品を作成する際には、あまり深く考えずに使ってしまうことも多いようだ。モデリング手順としては**図 3-7** の「板金専用コマンドのモデリング」に示すように、板金を実際に加工する工程と同じである。製造部門であれば、展開形状を作成してから曲げ加工で板金部品を完成させる、という工程で問題はない。しかし、設計の順番は製造の順番とは逆になるので、設計者にとっては使えないコマンドになっている。

設計検証を考慮すれば、図 3-7 の「シェルコマンドを使ったモデリング」に示すように、お

第3章　モデリングメソッド

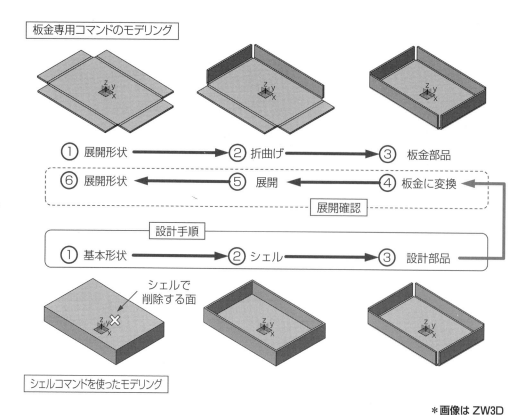

＊画像は ZW3D

図 3-7　板金専用コマンドでのモデリング

おまかな基本形状を作成してから、シェルで薄板化するという手順が正しい。とはいえ、展開形状や寸法の検証に板金専用コマンドも必要であるという場合は、シェルで作成した設計部品を板金部品に変換する機能を利用する。

　最初（1FT 目）から板金専用コマンドを使ってしまうと、設計手順に従ったモデリングができないので、使う場合は設計部品を作成してから必要に応じて板金部品に変換する、という方がお薦めである。

　板金加工で作成する部品は、代表的な曲げの種類とシェルの使い方を理解しておけば、モデリング時に迷わない。シェルコマンドは 3DCAD によって細かな違いはあるが、おおむね下記の定義となっている。

シェルコマンドの定義

1. すでに作成されたソリッドモデルを変形する操作となる。
2. 不要な面を削除する。
3. 残った面に厚みを付加する。
   …厚みを付加する方向が指定できる。
   …各面に対して複数の厚みを指定できる。

3.1 モデリングの基本

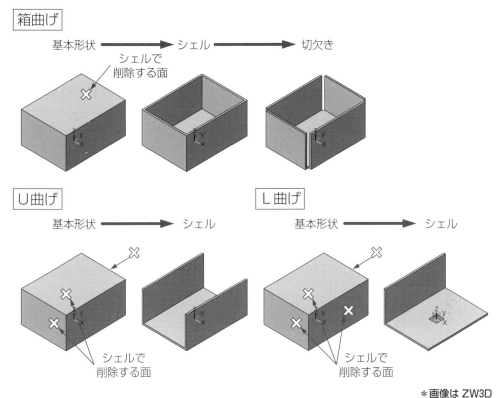

図 3-8　曲げの種類とシェルの使い方

> …面のオフセットがエラーとならない限り、厚み指定の寸法に制限はない。

　板金曲げのうち、箱曲げ・U曲げ・L曲げ、については、直方体を基本形状として**図 3-8** でシェルの使い方を説明している。|箱曲げ|は直方体の1面をシェルで削除すれば、4辺を箱状に折り曲げた形状となる。実際には、板金加工の曲げや展開を考慮して、4隅に切り欠きが必要だ。シェルで削除する面を3面とすれば|U曲げ|となり、4面とすれば|L曲げ|を作成できる。

　同様に、Z曲げ・H曲げ、についても**図 3-9** を見ていただきたい。直方体を基本形状にするのは変わらないが、|Z曲げ|は|L曲げ|にフランジ部を追加（シェルの前に挿入）してから、5面をシェルで削除すればよい。|U曲げ|は|H曲げ|にフランジ部を追加（シェルの前に挿入）してから、5面をシェルで削除する。（ZW3Dではフランジの端面も選択が必要）

　図 3-8 および図 3-9 をよく見ると、曲げ形状とシェルの関係がわかると思う。実務では他の曲げ形状にも出会うと思うが、これらの応用で対応できるはずだ。

　ここまでの理解度確認を兼ねて、板金加工で作成する部品をモデリング課題として掲載しておくので、普段使っている3DCADでモデリングしてみてほしい。考え方やヒントは第4章に

第 3 章　モデリングメソッド

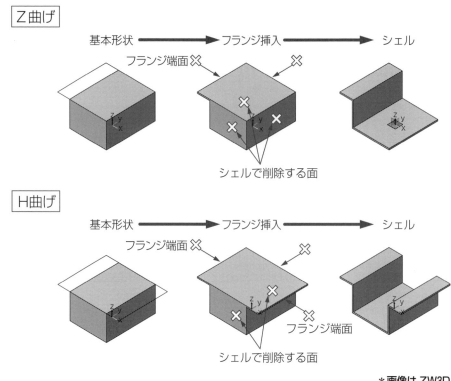

図 3-9　曲げの種類とシェルの使い方

記載した。

(1) ブラケットアングル

　図 3-10 は Z 曲げの板金部品である。板金専用コマンド（シートメタル）を使わずに、定石コマンドだけでおおよその形状までモデリングしてみよう。補強リブ（2 箇所）の作り方には工夫が必要だ。

(2) ブラケットシャーシ

　図 3-11 は H 曲げの板金部品である。絞り形状は単純に作りたいものだ。

(3) カバー

　図 3-12 は箱曲げのカバーである。4 要素を超える複雑な 2D 断面スケッチは禁止だ。

(4) 配管ブラケット

　図 3-13 は絞りのあるブラケットである。配管を固定する側が重要だ。

3.1 モデリングの基本

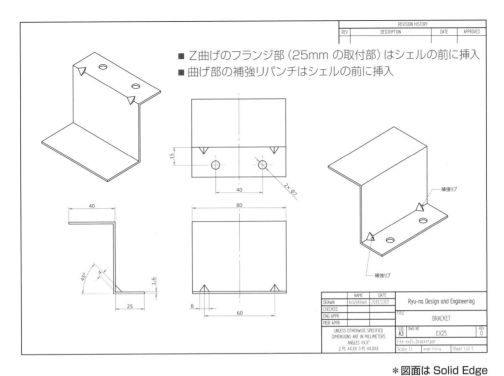

図 3-10　ブラケットアングル

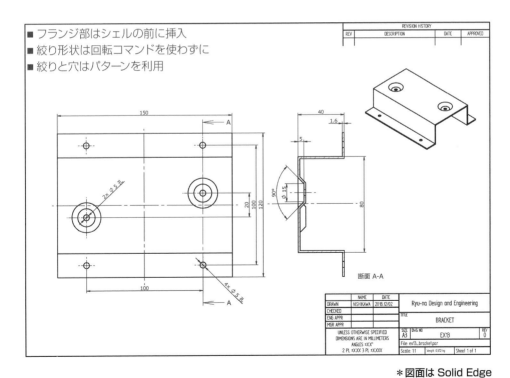

図 3-11　ブラケットシャーシ

第3章 モデリングメソッド

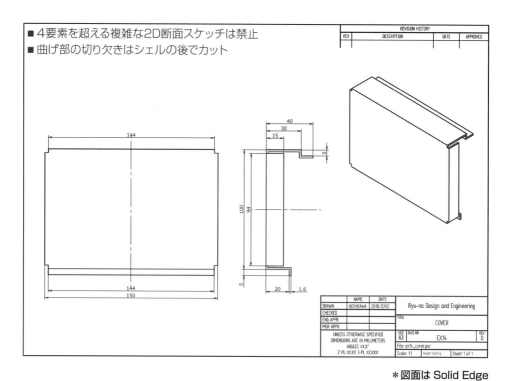

＊図面は Solid Edge

図 3-12　カバー

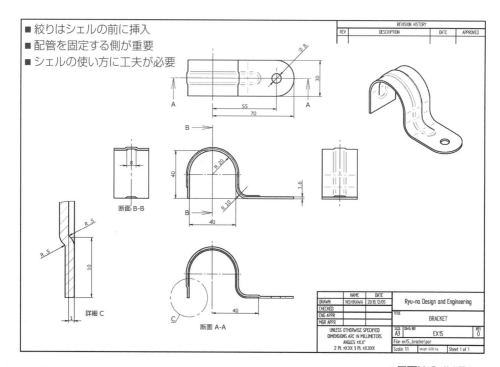

＊図面は Solid Edge

図 3-13　配管ブラケット

3.1.3 成形品

　射出成形品は、複数の機能（形状・部品）がひとつの部品に一体成形されることがほとんどなので、切削部品や板金部分に比べ複雑な形状が多い。成形品の製造は、溶けた樹脂を金型に射出し、冷却された成形品を取り出す、という方法で行なわれる。冷却効率を考慮すれば、成形品の肉厚はできるだけ一定であることが望ましいが、実際には設計の都合などで、偏肉・取付ボス・補強リブ・溝などの凹凸形状も多い。

　また、成形品を金型から取り出すためには、金型を開く方向に対して抜き勾配が必要となる。このため、成形品を設計・モデリングする際には、金型要件として抜き勾配を必ず考慮しなければならない。説明のために簡略化しているが、射出成形金型と石鹸箱のイメージは図3-15を参考にしていただきたい。

モデリング例：石鹸箱

　成形品によくある形状を盛り込んだモデリング課題を図3-14に用意した。筆者は石鹸箱と称しているが、実用性は良くない。あくまでも、スキルチェック用の課題であると理解していただきたい。普段の業務で射出成形品の設計やモデリングに関わっているのであれば、あまり

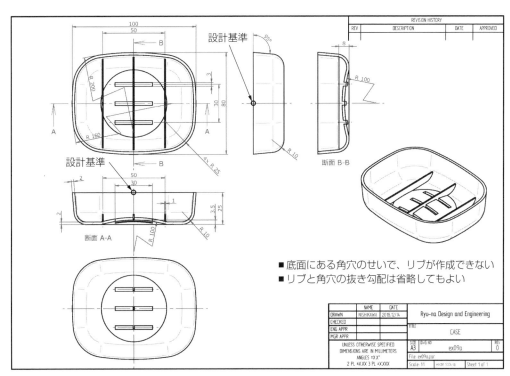

図3-14　石鹸箱

第3章 モデリングメソッド

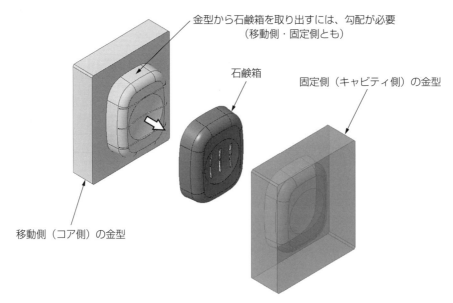

図3-15 射出成形金型と石鹸箱（イメージ）

苦労せずに3Dモデルと2D図面を作成してほしいところだ。

モデリング3ヶ条に沿った手順を下記および**図3-16**、**図3-17**に示す。番号は実際にモデリングした順番となっており、③～⑧はシェルの前（ベース形状の直後）に履歴を戻して作成（挿入）したフィーチャである。

石鹸箱のモデリング手順（Solid Edge）

① ベース形状（直方体）を作成
　　シェルの前（ベース形状の直後）に移動する
　　　③ 側面形状（R200、R160）を切り抜きで作成
　　　④ コーナー部の丸みづけ（R25）
　　　⑤ 側面全周に抜き勾配を作成
　　　⑥ 底面全周に丸みづけ（R10）
　　　⑦ 底面の凹み（R100）を回転で切り抜き
　　　⑧ シェル前のソリッド形状をサーフェスでコピー
② シェルで薄肉化（2mm）
⑨ 底面の角穴（3mm×30mm3ヶ所）を切り抜き（パターンを使用）
⑩ リブ（3ヶ所）を石鹸箱の外形からはみ出すように作成（パターンを使用）
⑪ ソリッドボディ（⑩までの形状）とシェル前の形状（⑧のサーフェス）の「積」を作成

他の3DCADでも基本的な手順は同じである。ただし、「⑧　ソリッド形状をコピー」する工

3.1 モデリングの基本

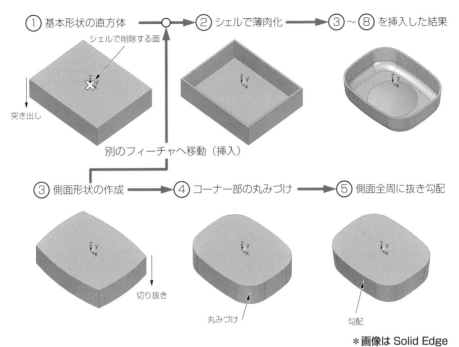

図 3-16　石鹸箱のモデリング手順（1）

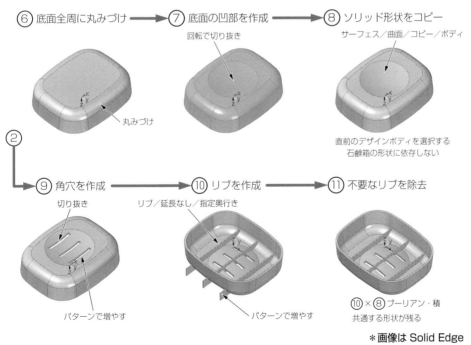

図 3-17　石鹸箱のモデリング手順（2）

第3章 モデリングメソッド

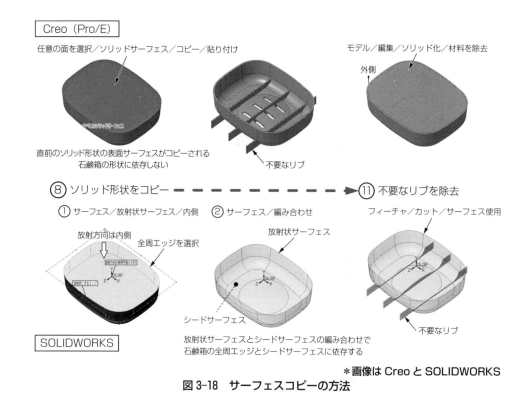

図3-18 サーフェスコピーの方法

程と「⑪ 不要なリブを削除」する工程については、下記および図3-18のように使用するコマンドや操作が異なるので注意してほしい。

Creo Parametric（Pro/ENGINEER）

ソリッド形状をコピーするには、石鹸箱の任意の面を選択／ソリッドサーフェス／コピー／貼り付け、で行なう。石鹸箱の形状が変更されても、直前のソリッド形状の表面サーフェスがコピーされるため、エラーにならない。

不要なリブを除去するには、モデル／編集／ソリッド化／材料を除去（ソリッドサーフェスの外側）、で行なう。

SOLIDWORKS

ソリッド形状をコピーするには、最初に、サーフェス／放射状／石鹸箱の全周エッジを選択、で放射状サーフェスを作成する。次に、サーフェス／編み合わせ、で放射状サーフェスと別のシードサーフェスを編み合わせる（マージする）ことで行なう。石鹸箱の全周エッジとシードサーフェスが変更されると、エラーになるかもしれない。

不要なリブを除去するには、フィーチャ／カット／サーフェス、を使用（編み合わせサーフェスで余分な取っ手をカット）。

3.2 意匠曲面形状

機械設計では、直線的な切削部品や単純曲げの板金部品が多く使われることもあり、モデリング3ヶ条に従って、定石コマンドの使い方を工夫すれば、たいていの部品はモデリングできる。しかし、射出成形品・鋳物・板金絞りなどで、意匠曲面形状で構成される部品のモデリングには、定石コマンドに加えてスイープ（特に可変）コマンドが必要だ。

定石コマンドや単純スイープコマンドはどのような3DCADでも使えるが、意匠曲面のモデリングに使用する可変スイープコマンドは全ての3DCADで使えるわけではない。使えたとしても、機能が不十分であったり操作性が悪かったりするので、意匠曲面形状のモデリング比率が高い場合は3DCADの選定に注意してほしい。

3.2.1 モデリングの考え方

機械や製品の設計では、図3-19の①押し出し／ソリッド（突起）、②押し出し／材料を除去（カット）、③薄板化（シェル）を定石コマンド（1.4.3項参照）として紹介した。

意匠曲面のモデリングでは、図3-19の④可変スイープ／サーフェス（曲面）が定石コマンドとなる。実際に、筆者が意匠デザイナや曲面のモデリングに関わっている人に操作を教える場合は、④可変スイープを使った曲面サーフェスのモデリングから始める。

これは、意匠曲面形状のモデリングが「造形」を主眼にしたものであり、「設計」に重きを置

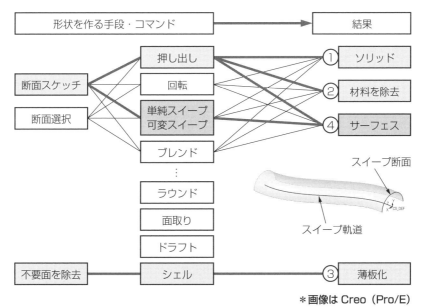

図3-19　形状を作る手段とその結果

第3章　モデリングメソッド

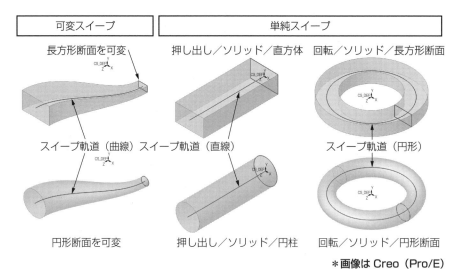

図 3-20　スイープと押し出し・回転

くモデリングと少し性格が異なるからだ。別の面から見れば、可変スイープ自体が設計で使用する定石コマンドの造形手段を含んだコマンドになっている。例えば図3-20に示すように、直方体のモデリングは直線軌道に沿って長方形の断面を単純スイープすればよい。あるいは、軌道を円に限定すれば回転コマンドと同じである。

造形に特化して、早く実務で使ってみたいというのであれば、スイープコマンドだけを確実に覚えて、他のコマンドは必要に応じて身につけていく方法も悪くはないだろう。

3.2.2　サーフェスとソリッド

本書では主としてソリッドフィーチャを前提に説明を進めているが、曲面形状のモデリングではサーフェスフィーチャを使用することが多い。3DCADでは、何らかの方法で空間内に形状を定義することが必要であり、図3-21に示すようにどちらか（もしくは両方）の方法が使われる。

(1) サーフェスモデリング

厚さゼロの曲面や平面（サーフェス）を結合したり、不要な部分を切り取りながら閉じた空間を作って、形状を定義していく。Creo（Pro/E）では、サーフェスの集合体を「キルト」と称している。サーフェスモデルは体積を持たないので、質量特性は計算できない。また、2D断面は「線」のみの情報となる。下記に特徴をまとめた。

- 可変断面スイープ、スプライン曲線・曲率チェックなど、自由曲面を作成・評価する機能がある。
- 厚さ・体積・質量がゼロのモデルを作成できる。

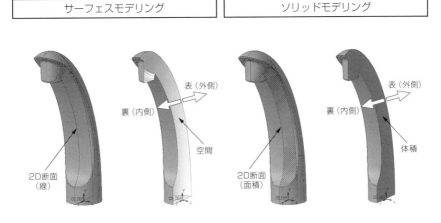

図 3-21　サーフェスとソリッド

- 実務では、面の数や構成が異なる形状（面の削除・追加など）への変更がしにくい。

(2) ソリッドモデリング

ソリッドとは、サーフェスに「表」と「裏」、あるいは「外側」と「内側」の情報を付加し、サーフェスで閉じられた空間の内側をソリッド（体積）として扱う。本書でも説明しているように、直方体や円柱といったソリッドの組み合わせで形状を定義していく。ソリッドモデルは体積情報を持っているため、質量特性等が計算できる。2D 断面も「面積」情報を持つことができる。下記に特徴をまとめた。

- 材料密度を設定すれば、質量を計算することができる。体積情報を持つため、モデル同士の干渉チェックが可能である。
- フィーチャベースの 3DCAD は形状変更が容易なため、形を決めていく過程をモデリングするような設計用途に最適である。
- サーフェスと組み合わせて使用すれば、複雑な曲面などのモデリングも可能であり、ハイエンドと呼ばれる 3DCAD は両方の機能を備えている。

3.2.3　手洗い金具のモデリング

前項の説明で使用した「手洗い金具」について、(1) サーフェスのみ、(2) ソリッドのみ、(3) ソリッドとサーフェス、を使用した場合のモデリング手順をそれぞれ説明しておこう。いずれの場合でも、完全に閉じた空間を作成し、最終的にソリッドモデルを完成させる前提としている。

(1) サーフェスのみを使用

サーフェスしか扱えない3DCADにおいて、自由曲面のモデリングに多く多く用いられる方法である。図3-22に示すように、必要なサーフェスを作成して、マージ・トリム・延長などを繰り返しながら形状を作成していく。

モデリングの注意点としては、マージ・トリム・延長などの操作がサーフェスの結合誤差を増やす要因となることだ。不用意にこれらの作業回数を増やさないようにしよう。

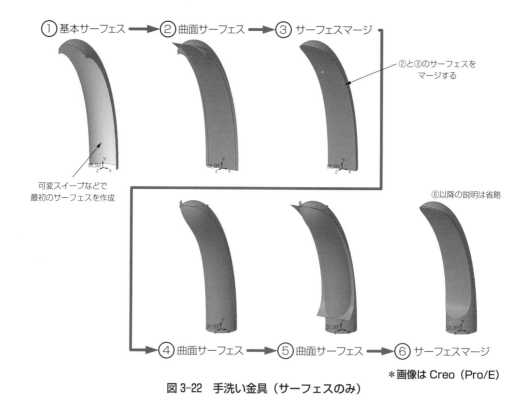

図3-22 手洗い金具（サーフェスのみ）

この方法に馴染んでしまうと、ソリッドを扱える3DCADにおいても、サーフェスだけで形状を作成してから、最後に閉じた空間をソリッド化するという手順を踏みがちだ。そうした場合、どのような形状でも作成できる反面、全てのサーフェスが矛盾なく閉じるまでソリッド化できないという欠点がある。ソリッド化できないと、質量特性の計算や干渉チェックが不可能となり、設計検証のタイミングが遅れてしまい、手戻り工数の増加につながる。

(2) ソリッドのみを使用

いわゆるミドルレンジと呼ばれる3DCADでは、サーフェス機能がオプション扱いになっていたり、ソリッドでのモデリングしかできないものも多い。図3-23のように、ソリッドの追加やカットで形状を作製していくことになる。この課題では可変スイープなどを使用しながら曲

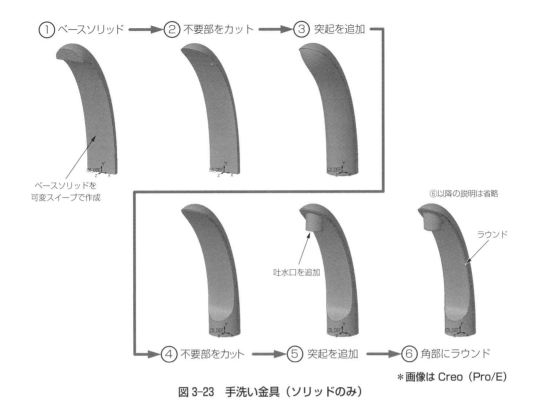

図 3-23 手洗い金具（ソリッドのみ）

面をモデリングしているが、サーフェスを扱える 3DCAD ほど自由に曲面を作成できるわけではない。

しかし、モデルが常にソリッドとして存在しているため、モデリング途中でも質量特性に関する設計検証や干渉チェックなどが可能である。

(3) ソリッドとサーフェスを使用

ハイエンドと呼ばれている 3DCAD では、ソリッドもサーフェスも扱える機能を備えているのが普通である。どちらを主体にモデリングするのか、迷うところかもしれない。しかし、筆者は迷いなく、ソリッドで作成したベース形状をサーフェスで作成した自由曲面を用いて、カット（もしくはソリッド化）するなど、両方の長所を生かしたモデリングを薦めたい。

図 3-24 に示すように、ベース形状はソリッド、曲面はサーフェスと、機能を分けることにより、どのような形状にも対応できるうえに、作成中のモデルは常にソリッドである。そのため、モデリングの初期はもちろん、任意のタイミングであっても、設計検証が可能となる。

第3章 モデリングメソッド

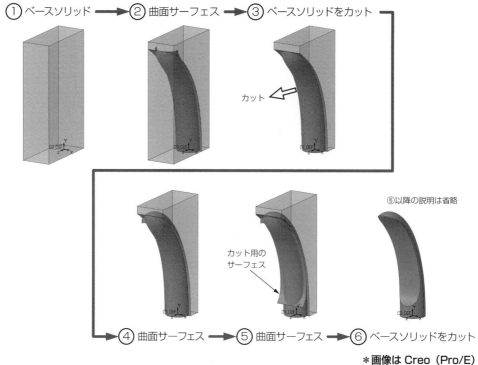

図3-24 手洗い金具(ソリッド+サーフェス)

第4章

ケーススタディ

　本章では、ここまでに使用した設計課題や事例などについて、ケーススタディとして詳細な説明を記載している。また、筆者が教育やコンサルティングで関わった3DCADについて、実務で使用するのに役立つ環境設定などについても紹介しておく。

第4章 ケーススタディ

4.1 解答例と説明（穴あけパンチの仕様とボールペンの樹系図）

第1章で紹介した、穴あけパンチの仕様（1.2.4項）とボールペンの樹系図（1.3.4項）について、解答例およびその説明を記載しておく。

4.1.1 穴あけパンチの仕様（第1章1.2.4項）

機械や製品の設計では、加工・運搬・処理などの対象となる「ワーク」から考え始めるのが基本である。完成品を目にしているので、固定概念に囚われてしまいがちであるが、穴あけパンチで最初に考えるのは「何に穴をあけるか」ということだ。コンセプトを「オフィスでのファイリング」と想定すれば、穴をあける対象物は「紙」となる。

そのため、仕様はワークである紙のサイズ・種類・厚さなどから明確にしていけばよい。次に、穴あけパンチならではの機能は「穴をあける」ことなので、穴の数・穴の形状（円形であれば穴の径）・穴のピッチなどの仕様項目を決める。続いて、紙に対する穿孔位置・穿孔枚数から紙の位置決め機構に関する仕様項目も必要だ。これらが明確になれば、操作力や操作ストローク・パンチ刃の耐久性・抜きカスの容量や処理・カバーの取り外し方法などの仕様項目も決まってくる。

■ パンチならではの仕様
- 対象物（例えば紙）
- 紙のサイズ、種類、厚さ
- 穴の数
- 穴の径、ピッチ
- 穿孔位置
- 穿孔枚数
- 紙の位置決め機構
- 操作力、操作ストローク
- パンチ（刃）の耐久性
- 抜きクズの容量、処理
- カバーの取り外し方法

■ 一般的な仕様
- 本体寸法
- 本体質量
- 使用環境
- 使用温度

図4-1 穴あけパンチの仕様

4.1.2 ボールペンの樹系図（第1章1.3.4項）

単純な構造のボールペンなので、ひとつの設計機能がひとつの部品として具現化されていると考えてよいだろう。そのため、以下の説明では機能名と部品名をほぼ同じものとして説明している。

基本的な考え方は、ボールペンならではの機能とそれ以外の機能に分類していけばよい。ま

4.1 解答例と説明（穴あけパンチの仕様とボールペンの樹系図）

ず、ボールペン全体を大きな機能で分類すれば、文字を書く機能［本体.asm］と、それ以外のペン先保護機能［キャップ.asm］になると考えられる。

［本体.asm］はインクを保持する機能［カートリッジ.asm］と、それ以外の手で保持する機能［軸組.asm］に分類され、［カートリッジ.asm］はインクをボールに転写する機能［チップ.asm］と、それ以外の筆記距離分だけのインクを貯めておく機能［インクチューブ.asm］に分類されると考えていく。最終的に、インクを紙に転写する最も重要な機能［ボール.prt］まで機能を分解できればよいだろう。

同様な考え方で、［軸組.asm］は［チップ.asm］を支える最も重要な機能［口金.prt］と、それ以外の機能［軸.asm］［ペン尻.prt］に分類できる。口金とチップの精度がよく、隙間が少ないほど書き味が良くなるので、［口金.prt］をより重要な部品としてツリーの上位に配置した。［軸.asm］は主たる保持機能［軸.prt］と、それ以外の滑り止め機能［グリップ.prt］にされる。

［キャップ.asm］はペン先全体を保護する機能［キャップ.prt］と、それ以外のボールの乾燥を防止する機能［乾燥防止チップ.prt］に分類しておく。

樹系図は設計機能で分類・系統化しているので、現実にはひとつの部品（例えばインク）であっても、必要に応じてさらに分類を進めることもある。［インク.asm］の機能を考えてみる

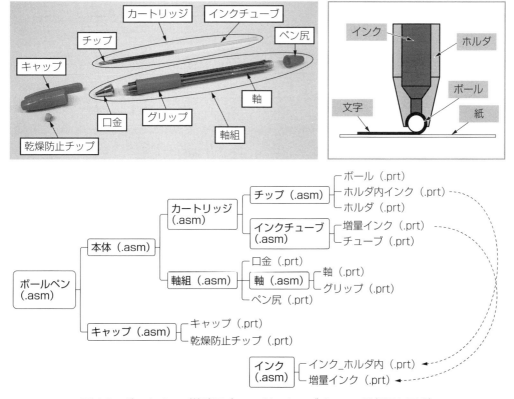

図4-2 ボールペンの樹系図（.asmはアセンブリ、.prtは部品を示す）

と、ボールから紙に転写される［ホルダ内インク.prt］と、筆記距離を確保するための［増量インク.prt］の機能に分類することが可能だ。このようにしておけば、インク全体は［インク.asm］で設計検証し、必要に応じて機能毎に［チップ.asm］や［インクチューブ.asm］でも個別に検証できる。

　樹系図は設計の順番に着目しているので、設計思想が違えば系統化されたツリーも異なった構成になる。実務において、同じ機械や製品を設計しているのに、設計者間で樹系図のツリー構成が大きく異なるのであれば、それは設計部門で思想が統一されていないということだ。

　解答例以外の樹系図をいくつか示す（**図4-3**）。設計現場でこのような状態が生じていれば、同じことを議論しているはずなのに、理解している内容が微妙に異なっているかもしれない。特に、日本と海外など場所が離れている場合は注意が必要である。

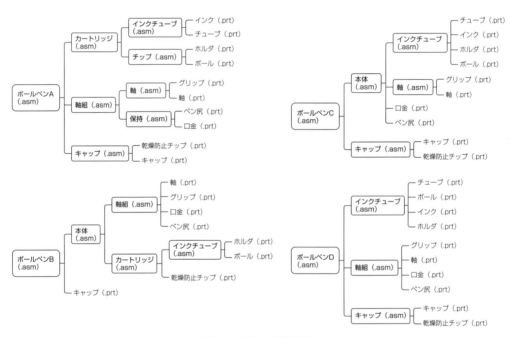

図4-3　異なる樹系図

4.2 2足歩行ロボット

第1章1.2.2項で紹介した「2足歩行ロボットの設計」について、コンセプトの設定・要求仕様の明確化・設計仕様の決定から、具現化・樹系図の作成までの作業で作成する資料について説明を加えておく。

4.2.1 思考ツリー

仕様の明確化に際しては、上位となるコンセプトから始め、要求仕様や設計仕様へと内容や関連を整理しながら順番に考えていく。このプロセスを系統化したものが**図 4-4** に示す思考ツリーである。

記載した内容は唯一の正解というわけではなく、ひとつの例として参考にしてほしい。筆者は設計演習で議論が横道にそれるなどしたとき「重要なものから考えられているか」の確認や振り返りの議論に活用している。

コンセプトは最上位の仕様という位置づけでもあるので、以降の要求仕様や設計仕様ではコンセプトに反する内容を決めてはいけない。要求仕様は設計課題に記載されている内容と同じではあるが、それらの意味を正確に理解したうえで、誤解を生じないように定義しておくことが重要である。

例えば、設計課題には「2足の足を交互に動かして歩く」とだけ記載されている。これだけでは担当者毎に異なった内容で理解するかもしれない。そこで、各人が理解している内容を議論しながら「2本の足が常に接地している状態は不可」「2本の足以外は接地しない」「左右の足跡エリアは干渉しない」などの定義について合意し、要求仕様を明確にしておく。

さらに「足を交互に動かす」ことについても、「両足で立つ」「右足で立つ」「左足で立つ」「重心を接地面の鉛直上に移動する」など、要求仕様から導かれる設計仕様も定義しておく必要がある。

思考ツリーに全ての項目を記載しているわけではないが、他の定義についても重要なものから、論理的に順序立てて考えていく際のヒントになれば幸いである。

4.2.2 樹系図に記載する内容

樹系図については第1章1.3節で述べているように、「樹系図3ヶ条」に従って機能分類したツリー構成を作成すればよい。ここでは、3DCADを活用して設計検証するにあたり、樹系図に記載しておいたほうがよい内容について、2足歩行ロボットの設計演習で受講生が作成した樹系図を用いながら説明する。

第4章　ケーススタディ

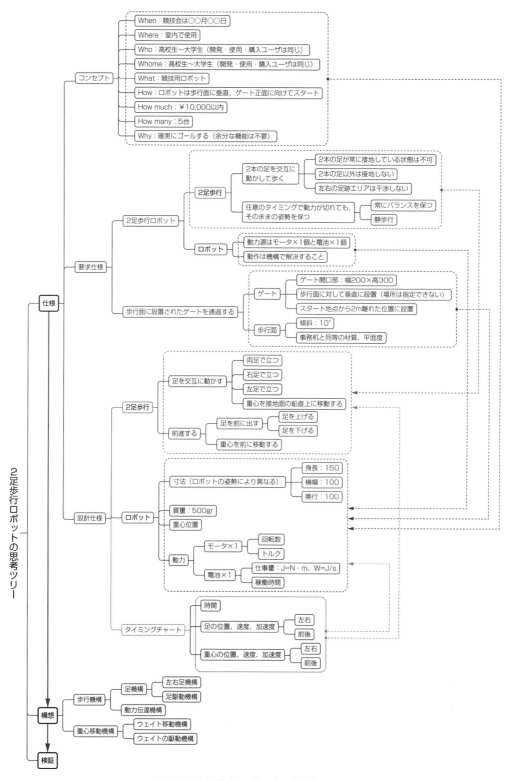

図4-4　2足歩行ロボットの思考ツリー

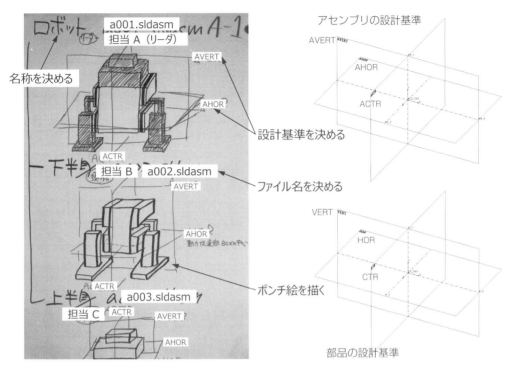

図 4-5 樹系図に記載する内容

＊画像は SOLIDWORKS

2足歩行ロボットの全体構成がおおまかにできたら、**図 4-5** に示すように第1階層目の機能分類を考える。この場合は［a002.sldasm 下半身］と［a003.sldasm 上半身］に分類している。歩行する機能が重要なので、［a002.sldasm 下半身］をツリーの上位に配置しておく。樹系図3ヶ条によれば、分木は4機能まで許容しているが、実務では2～3分木程度になることが多い。これは、大きな設計機能同士で検討する組み合わせ数を増やしたくない、ということからも納得できる。

樹系図には、機能分類や部品構成が立体的に理解できるようなポンチ絵と設計基準を描いておく。詳細形状まで描く必要はないが、設計基準の位置や向き、組み立て状態、形状の比率、などが理解できるのであれば問題ない。

ここでポンチ絵が描けないのであれば、構想設計の具現化が不十分ということである。その場合は、先行してツリー構成だけを作成してはいけない。必ず構成が理解できる程度まで構想検討を行い、具現化したポンチ絵を描いてから、機能分類して先に進むようにしよう。

以上のように、構想検討→具現化・ポンチ絵→機能分類→樹系図、という作業を各階層でくり返せば、自然と重要な機能から設計していることにもなる。ただし、樹系図を作成することが目的となってはいけない。構想設計を効率良く進めるためのツールとして、うまく活用することが重要だ。

樹系図のツリー構成は、設計検証に用いる3DCADのアセンブリ構成にそのまま流用するこ

第 4 章　ケーススタディ

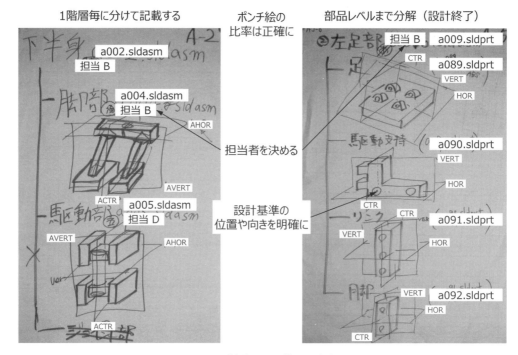

図 4-6　樹系図に記載する内容

とになるので、この時点で 3DCAD で使用するファイル名を決めておきたい。樹系図を作成しながら順番に採番し、重複しないようにファイル名を記載していく。

4.3 モデリング解説（シェルコマンドと定石コマンドの活用）

第3章3.1.2項で提示した板金部品のモデリング課題について、モデリング手順を解説しておく。3DCADの種類によらず、板金専用（シートメタル）コマンドよりも、シェル（Solid Edgeでは側壁）と定石コマンドを活用するほうが設計検証に適していることが実感できると思う。

4.3.1 ブラケットアングル（第3章3.1.2項（1）図3-10参照）

単純なZ曲げの形状なので、シェルを使わずに作り始めてしまい、補強リブのモデリングで手が止まってしまうような課題である。実務で補強リブまでモデリングが必要か、という議論はあるが、それほど手をかけずに作る方法を覚えておくと、他の事例でも応用できると思う。

③シェルの前に挿入したフランジの厚みはシェルの厚みと同じにしておく。結果的にフランジの厚みは変化しないが、シェルの前に挿入しておくことが重要だ。

④補強リブはもシェルの前に挿入して作成する。45°傾けた基準平面上にスケッチした「△」の2D断面を突き出して作成する。1箇所だけ作成し、パターンで2個に増やせばよいだろう。

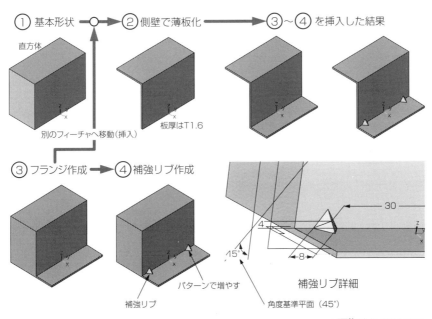

＊画像は Solid Edge

図4-7 ブラケットアングルのモデリング手順

4.3.2　ブラケットシャーシ（第3章3.1.2項（2）図3-11参照）

　基本形状はH曲げであるが、シェルを使わないと絞り部分のモデリングが難しくなる課題である。絞り部分も回転コマンドなどで一気に作ろうとせず、複数の単純なフィーチャに分けてモデリングすれば簡単だ。

　③～⑥はシェルの前に挿入しながら作成することになる。絞り形状は円柱状の凹みと面取りを組み合わせると簡単だ。2個以上の同形状を繰り返し作成する場合は、パターンを積極的に利用する。Solid Edgeのパターンでは、オプションとして「スマート」と「高速」を使用できるが、基本的には「スマート」を選択する。「高速」オプションでは、パターンするフィーチャを周囲の形状にあわせて調整（変形）できないので、エラーになりやすいからだ。

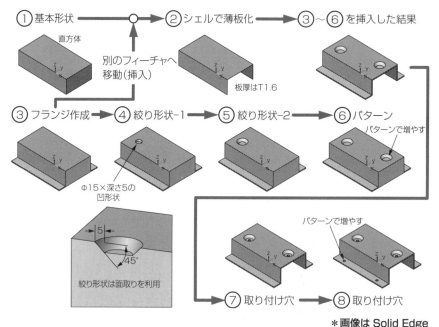

図4-8　ブラケットシャーシのモデリング手順

4.3.3　カバー（第3章3.1.2項（3）　図3-12参照）

　基本形状の箱曲げは3.1.1項（1）のブロックフレーム図3-3と同じ基本形状である。シェルの厚みに制限はないことを理解すると、応用範囲は広い。

　②今回は左右対象形状なので、[YZ_CTR]に対して、パーツ全体の鏡映コピー（ミラー）を利用した。他の3DCADにも同様の機能はあるが、フィーチャ単位ではなく、部品全体のミラー機能を利用すべきである。そうすれば、シェルと同じように、鏡映ボディの前に挿入した

4.3 モデリング解説（シェルコマンドと定石コマンドの活用）

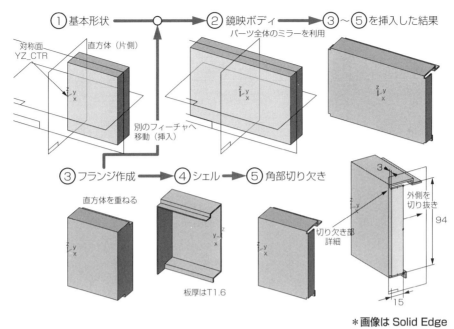

図4-9 カバーのモデリング手順

フィーチャは全て自動的にミラーされるので、使い勝手が良い。

⑤ 箱曲げの場合は、曲げが合わさる角部に切り欠きが必要だ。

4.3.4 配管ブラケット（第3章3.1.2項（4）図3-13参照）

　配管を固定する部品なので、曲げの内側（配管側）から作り始める。絞り形状（補強ビード）もあるので、シェルの使い方に工夫が必要だ。

　①② 円柱・直方体・丸みづけで基本形状を作る。内側の形状を作っていることを意識しておこう。

　③ 基本形状ができたら、シェルの厚みを外側にして板金化してみる。先にシェルで薄板化しておくことによって、次に作る形状をシェルの前に挿入したほうがよいか、そのまま作成したほうがよいか判断しやすい。また、新たに挿入・追加したフィーチャが原因で、シェルがエラーになった場合でも、原因の推定と対策が容易だ。

　詳細な形状を作り込んでから、シェルで薄板化してエラーが出た場合、原因を調べるのに時間を要し、対策のための手戻り工数も多くなりがちなので、注意しよう。

　⑤ 説明図では紙面の関係で、補強ビード周囲の丸みづけを一工程で表現しているが、実際には3～4工程に分けておいたほうが、後で修正しやすい。

97

第 4 章　ケーススタディ

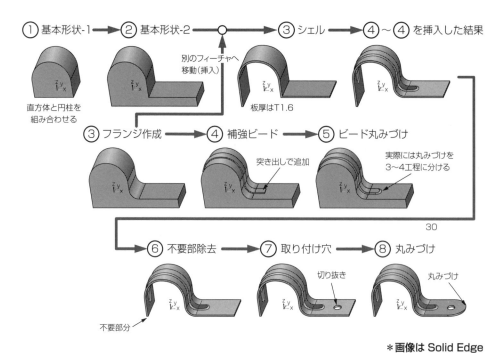

図 4-10　配管ブラケットのモデリング手順

4.4 3DCADの環境設定

本書では、CATIA、Creo Parametric（Pro/ENGINEER）、Inventor、NX、Solid Edge、SOLIDWORKS、などのメジャーなものから、低価格のFusion360、ZW3Dなどまで、3DCADの種類に依存しない使い方やモデリング操作についての説明を心がけたつもりだ。

一方で使い勝手に関しては、環境設定やテンプレートの内容に影響される部分も大きい。本来であれば、3DCADをインストールした直後のデフォルト状態で、設計に使える環境であってほしいが、何らかのカスタマイズをしないと使えないのが実情である。

ここでは、筆者が用いている環境設定やテンプレートについて紹介しておきたい。本書で説明している内容を試行する際にも役立つと思う。最新の環境設定ファイル一式は筆者のWeb Siteからダウンロードできるので、ぜひ利用していただきたい。

http://www.page.sannet.ne.jp/gah01300/

4.4.1 Creo Parametric（Pro/ENGINEER）

環境設定に関係する主要なファイルやテンプレートを下記に紹介しておこう。これらはデータの作成やユーザインターフェイスに大く影響する。特に、他社とデータをやりとりしながら設計業務を行なう場合は、これらのファイルを用いて作業環境を合わせておく必要がある。

主な環境設定ファイル

［config.pro］
　　機能や動作に関するオプションを全て記述した環境設定ファイルでファイル名は既定。設定項目はマニュアルに記載されているだけでも膨大な量であり、全てに目を通すのは困難だが「こんなことができればいいのに」と思っていることが意外に簡単な設定で実現できる場合も多い。

　　設定ファイルに記載しない項目はデフォルト値が採用されるので、全て記載する必要はない。インターネットなどで検索すると「隠しオプション」が見つかる場合もある。内容はテキストファイルであり、その一部を**図4-11**に示す。

［config.dtl］
　　図面の寸法やテキストなどの表現に関するオプションを記載した図面設定ファイルでファイル名は任意。適切に設定すれば、図面の見た目をある程度自由にコントロールできる。既に作成された図面でも、設定ファイルを読み込むだけで、図面表現を一括して変更可能だ。

［creo_parametric_customization.ui］
　　アイコン配置や画面設定などを保存したカスタマイズファイルでファイル名は既定。

第4章　ケーススタディ

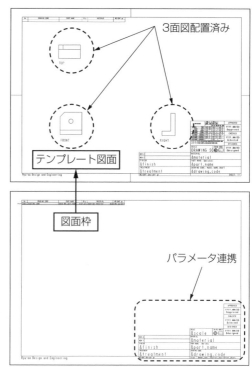

＊設定内容は Creo（Pro/E）

図 4-11　環境設定ファイル／テンプレート図面／図面枠

[master_creo4.asm]

　　アセンブリテンプレートファイルでファイル名は任意。事前に必要な各種設定を済ませておき、新規アセンブリの作成時に使用する。データム平面、座標系、座標軸、重心点などを用意しておくと便利だ。

[master_creo4.prt]

　　部品テンプレートファイルでファイル名は任意。事前に必要な各種設定を済ませておき、新規部品の作成時に使用する。デフォルトの材料を設定し、基準平面、座標系、座標軸、重心点などを用意しておくと便利だ。

[dwg_a3_view_2001.drw]

　　図面枠と図面ビュー（3面図）を配置したテンプレート図面ファイルでファイル名は任意。新規図面の作成時に使用すれば、3面図が自動的に配置される。図 4-11 にイメージを示す。A1～A4 までのサイズを準備しておくとよい。

[dwg_a3_2001.frm]

　　共通で使用する図面枠ファイルでファイル名は任意。部品やアセンブリのパラメータと図面の表題欄を連携しておく。図 4-11 にイメージを示す。A1～A4 までのサイズを準備しておくとよい。

4.4.2 SOLIDWORKS

環境設定に関係する主要なファイルやテンプレートについて紹介しておく。共同作業を行なう際のオプション設定、重心位置にスケッチ点を移動（作成）するマクロについても説明を加えた。

主な環境設定ファイル

［swsettings_2017_x64_20190211.sldreg］

　全てのオプションが保存されているレジストリファイルでファイル名は任意。環境設定の保存と回復には、このファイルを使用して、レジストリのエクスポートとインポートを行なう。実際には、SOLIDWORKSツールメニューから［設定の保存/回復］を選択し、ウィザードに従うだけである（設定を保存する場合は管理者権限が必要）。

［master_2017_asm.asmdot］

　アセンブリテンプレートファイルでファイル名は任意。事前にドキュメントプロパティで必要な設定を済ませておき、新規アセンブリの作成時に使用する。図4-12に示すように、基準平面、座標系、座標軸、重心点などを用意しておく。

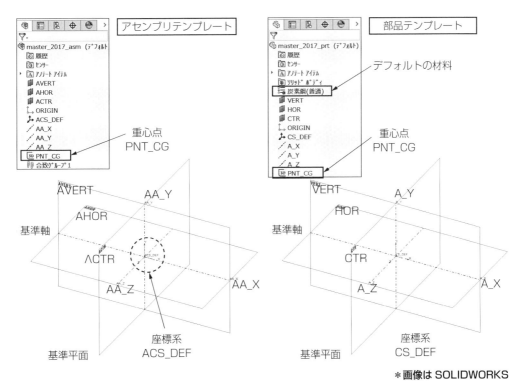

図4-12　アセンブリテンプレート／部品テンプレート

[master_2017_prt.prtdot]

　部品テンプレートファイルでファイル名は任意。事前にドキュメントプロパティで必要な設定を済ませておき、新規部品の作成時に使用する。図4-12に示すように、デフォルトの材料を設定し、基準平面、座標系、座標軸、重心点などを用意しておく。

[master_2017_drw_a3.drwdot]

　図面枠を配置したテンプレート図面ファイルでファイル名は任意。A1～A4までのサイズを準備しておくとよい。

[format_2017_a3.drwdrt]

　共通で使用する図面枠ファイルでファイル名は任意。A1～A4までのサイズを準備しておくとよい。

[point_cg.swp]

　重心位置にスケッチ点（PNT_CG）を移動（無ければ作成）するマクロ。アセンブリおよび部品で有効。図4-13に示すマクロは「仕事のカタマリ」で、webmaste氏、y-nakatsuka氏に作成して頂いたものである。

仕事のカタマリ（掲示板）http://katamari.org/ttcms/modules/forum/index.php

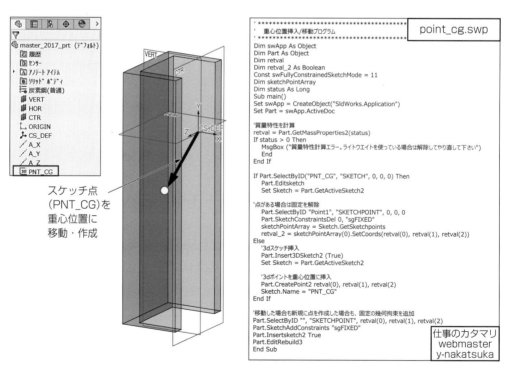

図4-13　重心位置にスケッチ点を移動・作成

4.4 3DCADの環境設定

オプション設定(ツール/オプション/システムオプション)

第2章2.1.1項で説明した共同作業を行なう場合は、外部参照/読み取り専用で開いた参照ドキュメントは保存しない(修正破棄)にチェックを入れる。

＊画像は SOLIDWORKS

図4-14　システムオプションの設定

索引

【欧数】

2足走行ロボット ── 15
3DCAD活用自己診断シート ── 10
3DCADを導入してはみたけれど… ── 1,10
4分木以内 ── 26
6W3H ── 15
CAE ── 42,63
DR ── 24
EBOM ── 29
H曲げ ── 73
L曲げ ── 73
MBOM ── 29
U曲げ ── 73
Z曲げ ── 73

【あ行】

アセンブリ ── 26,53
薄板化 ── 40

【か行】

回転コマンド ── 35
加工基準 ── 39
可変スイープ ── 81
環境 ── 14
環境設定 ── 99
干渉チェック ── 2,62
慣性モーメント ── 2
規格 ── 14
機構 ── 21
機能の具現化 ── 8,9,21
機能分類 ── 48
基本設計 ── 9
客先の要求 ── 15
キルト ── 82
形状要素 ── 1,38
構造 ── 21
構想設計 ── 9,21,23,58
コピー&ペースト ── 21
コンセプト ── 14

【さ行】

サーフェス ── 36,82
材料を除去 ── 40
材料を付加 ── 40
サブアセンブリ ── 26,48,53
シェル ── 57,72
思考ツリー ── 91
質量 ── 1,58
質量特性 ── 57,82
射出成形金型 ── 77
社内規格 ── 14
重心 ── 1,58
樹系図 ── 23,90
樹系図3ヶ条 ── 25,91
仕様 ── 19,88
詳細設計 ── 9,23
仕様書 ── 31
定石コマンド ── 40,70,81
仕様の明確化 ── 8,14,91
新規設計 ── 8

スイープ	81
スケッチ	38
寸法チェック	55
製造順	29
製造部品表	29
設計基準	39
設計機能分類	23
設計検証	8,9,34
設計順	29
設計仕様	14,16
設計審査	24
設計部品表	29
設計変更	24
属性情報	49
ソリッド	83

【た行】

タイミングチャート	17,54
単純スイープ	82
ドラフタ	1

【な行】

ならでは仕様	19
抜き勾配	35

【は行】

箱曲げ	73
パラメータ	49
パラメトリック機能	1
フィーチャ	1,38,53
フィーチャベース	1,66
フィレット	70

ブーリアン	70
部品表	51
フラットな樹系図	26
プロパティ	49
ベースソリッド	53
べし・べからず集	12
法律	14
ポンチ絵	21

【ま行】

見える化	23
面取り	70
目標値	17
モジュール	24
モジュール化設計	31
モデリング	1,34
モデリング3ヶ条	66,78,81
モデリング履歴	39
モデル	1

【や行】

要求仕様	14,16

【ら行】

立体トレース	38
流用設計	8,24
リレーション	59
倫理	14
レイアウト調整	54

著者紹介

西川誠一（西川@龍菜）

　三洋電機株式会社（現：パナソニック株式会社）を経て独立し、多くの企業で設計プロセス教育およびコンサルティングを行っている。また、3DCAD を導入あるいは導入を考えている企業に対して「設計検証を考慮した 3DCAD 活用メソッド」に基づき、3DCAD の効果的な活用方法を指導する他、設計業務やモデリングの受託、実践的な手法の開発・応用に努める。

　コンセプトは「面白い…感動する・ユニークな…サービスを提供し続ける存在でありたい」

龍菜　Ryu-na Design and Engineering（代表）http://www.page.sannet.ne.jp/gah01300/
　　　COLORS 株式会社（技術顧問）http://colors-pro.co.jp/
　　　株式会社 MiyaiGarage（技術顧問）http://www.miyaigarage.com/

著作

初歩から学ぶ 3 次元 CAD 活用設計再入門（日刊工業新聞社　2007 年 1 月　筒井真作・西川誠一）
新・正しい設計のススメ（株式会社エクスナレッジ　CAD&CG マガジン　2006 年 5 月特集）
正しい設計のススメ（株式会社エクスナレッジ　CAD&CG マガジン　2002 年 5 月増刊号）

記事

楽しい Design のススメ（株式会社エクスナレッジ　CAD&CG マガジン　2005 年 3 月-12 月　全 6 回連載）
ゼロから始める 3 次元 CAD & 設計（株式会社エクスナレッジ　CAD&CG マガジン　2003 年 7 月-2005 年 1 月　全 15 回連載）
Pro/ENGINEER Simple Lesson（株式会社エクスナレッジ　CAD&CG マガジン　2002 年 7 月-2003 年 4 月　全 10 回連載）
正しい設計のススメ（株式会社エクスナレッジ　CAD&CG マガジン　2001 年 6 月-12 月　全 6 回連載＋番外編）
グッドモデラー養成講座（株式会社エクスナレッジ　CAD&CG マガジン　2000 年 12 月-2001 年 5 月　全 6 回連載）
CAD 攻略スペシャル（日刊工業新聞社　機械設計　2000 年 10 月-2006 年 3 月　全 16 回連載＋総集編）

参考文献

機械設計　ここまでわかれば「一人前」（日刊工業新聞社　2018 年 1 月　鈴木良之）
Solid Edge ST3/ST4 ベーシックマスター（株式会社秀和システム　2012 年 1 月　宮沢隼人・鹿田聖子・杢野順子）

樹系図・ポンチ絵・設計課題などの画像…高度ポリテクセンター「3DCAD を活用した機械設計実習」・夏休みセミナ（設計プロセス教育）の演習で作成したものを利用させていただいた。
本書に使用している 3DCAD の操作画面・アイコン・コマンドなどは正規にライセンスされた各 3DCAD の画面から引用したものである。

手戻りを撲滅する！
超・実践的3次元CAD活用ノウハウ   NDC531.9

2019年2月28日 初版1刷発行　■著　　者：西川 誠一
　　　　　　　　　　　　　　■発 行 者：井水 治博
　　　　　　　　　　　　　　■発 行 所：日刊工業新聞社
　　　　　　　　　　　　　　　　　　　〒103-8548
　　　　　　　　　　　　　　　　　　　東京都中央区日本橋小網町 14-1
　　　　　　　　　　　　　　　　　　　編集部　TEL(03)5644-7412
　　　　　　　　　　　　　　　　　　　販売部　TEL(03)5644-7410
　　　　　　　　　　　　　　　　　　　　　　　FAX(03)5644-7400
　　　　　　　　　　　　　　　　　振替口座　00190-2-186076 番
　　　　　　　　　　　　　　　　　URL　　http://pub.nikkan.co.jp/
　　　　　　　　　　　　　　　　　e-mail　info@media.nikkan.co.jp
　　　　　　　　　　　　　　■制　　作：美研プリンティング

ISBN978-4-526-07935-1
（定価はカバーに表示してあります）
万一乱丁、落丁などの不良品がございましたらお取り替えいたします。

2019 Printed in Japan

本書の無断複写は、著作権法上での例外を除き、禁じられています。